SI LAS ESTRELLAS NO EXISTIERAN

SERGIO GUERRA

SI LAS ESTRELLAS NO EXISTIERAN

Un universo de respuestas contra las conspiraciones de nuestro tiempo

temas de hoy

Revisión técnica a cargo de Sergio Parra
Corrección de estilo a cargo de Ligia Boga

Diseño de la cubierta: Abuela
Adaptación de la cubierta: Gerard García Calafell

temas de hoy, un sello editorial de Editorial Planeta, S. A.
Avda. Diagonal, 662-664, 08034 Barcelona (España)
www.planetadelibros.com

Primera edición: mayo de 2025
Composición: Realización Planeta
ISBN: 978-84-10293-61-8
Depósito legal: B. 7.419-2025
Impresión y encuadernación: Egedsa
Printed in Spain - Impreso en España

PEFC
PEFC/14-38-00305
PEFC Certificado
Este libro procede de bosques gestionados de forma sostenible
www.pefc.es

Para Maxi y Tony, mis padres,
por hacerme ser quien soy, con su amor,
sabiduría, apoyo y ejemplo constante.
Para Daniela, por ser para mí
como para el espacio el tiempo.

A mí me basta con el misterio de la eternidad de la Vida, con el presentimiento y la conciencia de la construcción prodigiosa de lo existente, con la honesta aspiración de comprender hasta la mínima parte de razón que podamos discernir en la obra de la Naturaleza.

Albert Einstein

ÍNDICE

EL PRINCIPIO ES EL FINAL Y EL FINAL ES EL PRINCIPIO. ¡ATENTO!

Desde el principio de nuestra existencia, los humanos hemos contemplado el cielo nocturno, fascinados por el brillo de las estrellas y el misterioso movimiento de los **cuerpos celestes**. Y lo mismo podemos hacer con nosotros mismos, observarnos y darnos cuenta de que cada una de nuestras células lleva consigo la herencia genética de todos nuestros antepasados, remontándose miles de años atrás hasta el origen del *Homo sapiens*. Llevamos dentro varias generaciones. Te hablo de algunos miles de bisabuelos, tatarabuelos, choznos y así sucesivamente. Somos el resultado de una multitud que nos precede. Y la gran mayoría de todos esos seres que vivieron antes que nosotros aquí en la Tierra contemplaron un cielo nocturno muy parecido al que vemos ahora tú y yo.

Cualquier persona en algún momento de su vida ha alzado la mirada hacia las estrellas. Algunos lo hacen siempre que tienen la oportunidad; otros, menos. Pero sin duda es algo que forma parte de lo más profundo de nuestro instinto humano. Es curioso cómo este pequeño gesto bajo el cielo nocturno para observar los diminutos puntos brillantes ha derivado en las muchas y grandes preguntas que se ha hecho la humanidad y, en consecuencia, en las respuestas que hemos podido dar hasta ahora.

Apunta hacia las estrellas y verás la Luna

¿Por qué estamos aquí? ¿Quiénes somos? ¿Por qué existe algo en lugar de la nada? Estas son algunas de las preguntas que han guiado a nuestros predecesores hasta nosotros. Y no precisamente por haber encontrado todas sus respuestas, sino todo lo contrario. La incógnita ha sido y es lo que ha alimentado a lo largo de los tiempos esa curiosidad que llevamos dentro. Aquí queda muy bien la famosa frase «Apunta hacia las estrellas y llegarás a la Luna». En esa incesable búsqueda por dar con las respuestas, acabamos encontrando otras preguntas y, a su vez, otras posibles respuestas, lo que podemos entender como avance, como progreso. Cuando me preguntan qué es lo que más me gusta del Universo, siempre contesto lo mismo: «Todo aquello que aún no hemos descubierto». Para mí, esta respuesta define el aprendizaje, la vocación de estar siempre preparado para descubrir algo que todavía no conoces. Si pensamos que lo sabemos todo, estamos cerrando la puerta a la expansión de nuestra mente, yendo en contra del avance y del progreso, y esto nos conduce al estancamiento.

Hoy en día, en términos generales, la humanidad se encuentra en constante evolución y desarrollo. Aunque en algunos lugares este progreso no sea tan evidente, si echamos la vista atrás y comparamos nuestra realidad actual con la del pasado, sin duda hemos avanzado.

Como ya hemos visto, todo este camino hacia el conocimiento viene de muchas generaciones atrás. Nos encontramos todavía con preguntas que surgieron en el pasado para las que seguimos sin tener repuestas, pero también nos enfrentamos con otras nuevas que han nacido conforme hemos ido descubriendo el funcionamiento del cosmos. Es decir, esta misma noche, mirarás el cielo y contemplarás la Luna y las estrellas —si la contaminación lumínica lo permite— exactamente igual que el ser humano que habitaba nuestro planeta hace miles de años, pero la única diferencia es que tú sabes que la Luna se encuentra orbitando la Tierra. De la misma manera, si tuvieras la oportunidad de estar presenciando un eclipse justo ahora, no pensarías que se trata de un evento sobrenatural o divino, ni que ningún ser mitológico se ha comido el Sol. Quizá habrá alguna persona que lo piense hoy en día, es cierto, pero si estás leyendo este libro estoy seguro de que no es tu caso. De todos modos, lo interesante reside en cómo hemos llegado, desde la antigüedad hasta ahora, a dar respuesta a lo desconocido y descubrir la verdad, a entender lo que está sucediendo en el firmamento.

Todo lo que sabemos

Hoy día contamos con algunos modelos científicos altamente fiables. Sabemos que la Tierra no es plana, que las estrellas existen, y que la Luna orbita nuestro planeta, al igual que la Tierra y los demás cuerpos del **Sistema Solar** giran alrededor del Sol. También sabemos que este conjunto de objetos astronómicos forma parte de **una galaxia a la que llamamos Vía Láctea**, en la que hay cientos de miles de millones de estrellas más. Y al igual que nuestra galaxia, hay otros cientos de miles de millones más, con sus cientos de miles de millones de estrellas y planetas. Todo esto lo tenemos bastante claro, ¿no? Al menos, la idea de que la Tierra no es plana, algo que ya entendían nuestros antepasados en el siglo III a. C. En cualquier caso, si te queda una mínima duda, cuando acabes de leer este libro, lo verás con mayor claridad. Y no porque lo diga yo y ya está, así no funciona la ciencia. Lo sabrás porque comprenderás los principios del mundo que nos rodea. Te darás cuenta de que no es necesario ver algo con tus propios ojos para entender su mecanismo, su forma y su complejidad.

Entender el Universo es también entendernos a nosotros mismos. Aunque vivimos en la Tierra, un planeta azul flotando en el espacio, solemos percibir el cosmos como algo distante, sin relación con nuestra existencia. Nuestra desconexión con la naturaleza nos hace olvidar que somos parte de ese mismo Universo que intentamos comprender.

Este cuerpo celeste nos está llevando por el espacio a unos **107.000 kilómetros por hora**, que es la velocidad a la que orbitamos alrededor del Sol, aunque no tengamos esa sensación. ¿No ocurre algo similar cuando estás conduciendo y recorres el mismo espacio que el coche sin ser consciente de que estás en la carretera y que, precisamente, te encuentras en la Tierra? Lo mismo ocurre con el Universo: estamos inmersos y formamos parte de él, aunque lo pasemos por alto.

Nuestro conocimiento sobre el planeta, la Luna, las estrellas y las leyes del Universo son más sólidos que nunca.

Pero está claro que no siempre fue así. ¿En qué momento exacto surgió el afán de querer comprender el funcionamiento de los astros? No solo para admirarlos, sino por descubrir las leyes naturales que determinan su movimiento y comportamiento en el presente, en el pasado y, muy probablemente, en el futuro.

Posturas opuestas a lo establecido

En la antigua Mesopotamia, una sacerdotisa del año 2200 a. C. llamada **Enheduanna** es considerada la primera persona de la Historia en dejar un legado escrito, lo que la convierte en la primera autora registrada. Pero ahí no acaba la cosa, ya que también la reconocen como la primera «astrónoma» documentada. Sus himnos y poemas no solo reflejan una profunda conexión con la religión, sino que también contienen referencias astronómicas. En uno de sus escritos, dedicado a la diosa Inanna, establece por primera vez un calendario religioso. ¿Sabes lo que significa eso? Para lograrlo es necesario conocer los ciclos del Sol, por lo tanto, **los solsticios** y **los equinoccios**. En pocas palabras ¡tienes que dominar la astronomía! Además, en sus escritos menciona los «cuerpos celestes», en los cuales habitaban el dios Nanna y su hija Inanna, asociados con la Luna y Venus, respectivamente. En la actualidad, uno de los cráteres del planeta Mercurio lleva el nombre Enheduanna.

Para avanzar en el conocimiento de la cosmología, debemos remontarnos a los babilonios, que fueron los primeros en realizar observaciones astronómicas sistemáticas. Registraron los movimientos de la Luna y los planetas, y de este modo desarrollaron un calendario basado en ciclos lunares e incluso predijeron eclipses.

A lo largo de la historia, con cada nuevo avance en astronomía se han generado posturas opuestas. Sí, te estoy hablando de las conspiraciones. En aquella época, el simple hecho de aportar algo innovador y que no se pudieran realizar pruebas inmediatas con la misma facilidad que hoy generaba controversias. Sin embargo, lo más curioso es que en la actualidad, a pesar de los avances científicos, continúen existiendo este tipo de teorías sobre aspectos ampliamente demostrados.

Las conspiraciones alrededor de la ciencia y la astronomía tienen orígenes muy antiguos, pero podemos buscar el inicio oficial de las primeras a partir del Renacimiento y de la Revolución Científica, entre los siglos XVI y XVII, cuando este nuevo saber empezó a desafiar las creencias establecidas. Lo curioso es que en esos tiempos era la propia ciencia la que conspiraba contra los dogmas de entonces. Pero lejos de frenar el avance, esto impulsó un cambio fundamental: se empezó a emplear el pensamiento científico, es decir, a dudar a propósito de lo ya instaurado y se trató de confirmar o refutar dichas creencias. Así se sentaron las bases de la ciencia moderna.

La duda siempre ha sido un pilar fundamental de la ciencia, cuyo propósito era y es descubrir la verdad. A diferencia de las teorías conspirativas actuales, que rechazan hechos respaldados por innumerables experimentos, la duda científica impulsa el conocimiento y el progreso, con lo cual, mientras la ciencia avanza cuestionando y verificando, las conspiraciones niegan lo demostrado y frenan el desarrollo en lugar de enriquecerlo.

Las conspiraciones que habría que perseguir

La astrofísica y la astronomía no han escapado a las teorías conspirativas. Sin embargo, a lo largo de la historia han surgido teorías que desafiaron las creencias de la época que no diezmaron el saber humano, sino todo lo contrario. Un ejemplo es la **teoría heliocéntrica**, que contradijo la **visión geocéntrica** predominante.

Otro caso es el del filósofo y astrónomo **Giordano Bruno**, quien fue quemado en la hoguera en parte por sostener que el Universo es infinito y que las estrellas que vemos no son más que otros soles con sus propios mundos orbitando. Bruno solo fue víctima de haber nacido en un tiempo que todavía no había demostrado que las estrellas eran otros soles. Su impulso fue el de rechazar una creencia infundada y no demostrada, puesto que creer por creer no es ciencia. Este tipo de «conspiraciones», basadas en la duda razonada, han sido fundamentales para el avance del conocimiento, y son muy distintas a las que existen en nuestro tiempo, que niegan hechos ya comprobados.

Lo que tenemos hoy a nuestro alcance

Hoy en día, tenemos muchos medios a nuestra disposición para aprender y buscar información sobre cualquier tema. Las bibliotecas están a nuestro alcance, así como un dispositivo que almacena, probablemente, la mayoría de los libros de toda la historia, y que cabe en nuestro bolsillo. Sí, te hablo del móvil, que usas casi seis horas al día o más.

Imagina a **Newton** o a **Einstein** con esta herramienta en sus manos, con un artilugio que, a veces, no usamos de la manera correcta. Podemos afirmar con certeza que cualquier teoría conspirativa que contradiga hechos científicamente demostrados carece de sentido. Por ese motivo, resulta incomprensible que aún circulen ideas como que la Tierra es plana, que tiene un domo, o que las estrellas no existen. Incluso hay quienes creen que los telescopios están diseñados de una manera específica para proyectar los planetas y estrellas ficticios.

Analizando la mayoría de las teorías conspirativas actuales es sencillo reparar en que sus defensores tienen poco o ningún conocimiento sobre el tema en cuestión que critican. Si realmente quisieran entender el funcionamiento de un telescopio, investigarían al respecto. Sin ir más lejos, puedes desmontar uno tú mismo (eso sí, en caso de intentarlo, te recomiendo seguir un tutorial si tu intención es poder seguir disfrutándolo después). Y lo mismo ocurre con quienes creen que la Tierra es plana, ya que existen formas sencillas de comprobar su verdadera forma sin necesidad de verlo desde el espacio. Pero no te preocupes, a medida que avances en este libro encontrarás las respuestas por tu cuenta. Estoy seguro de que buscas la verdad y que tienes una mente curiosa y científica.

Para comprender las leyes del Universo, debemos empezar por el principio. Pero ¿cuál es realmente el principio? Tal vez lo primero que pienses es en el **Big Bang**, el origen del cosmos. Sin embargo, en este viaje que estás por emprender, el principio será el final y el final será el principio. Si has visto la serie *Dark*, seguro que esta idea te resulta familiar.

A lo largo de estas páginas te espera un viaje que comenzará desde nuestro planeta, y te llevará hasta los rincones más remotos del cosmos. Porque, cuanto más lejos miremos desde nuestro punto de vista de terrícolas, más nos acercaremos al origen de todo. Así pues, este será nuestro destino final: el nacimiento del Universo.

Antes de aventurarnos en nuestro viaje por las estrellas, los planetas, el **tejido del espacio-tiempo** y las leyes que rigen la realidad en la que vivimos, tan solo me queda decirte que disfrutes de este paseo cósmico con curiosidad y humildad. Con estas dos cosas, no solo aprenderás, sino que te emocionarás con las maravillas del Universo tanto como yo al escribir este libro.

Y en este punto ya solo me queda decirte una última palabra que sé que estás esperando...

¡Atento!

1
NUESTRO HOGAR EN EL COSMOS

> Si he logrado ver más lejos, ha sido porque he subido a hombros de gigantes.
>
> ISAAC NEWTON

Observa a tu alrededor. Sin importar dónde te encuentres, estás rodeado de cosas que simplemente *son*. Podrían ser paredes y muebles, o quizá árboles y cielo si estás al aire libre. Todo lo que te rodea, incluido tú mismo, comparte un punto en común, que existe.

Ahora piensa en esto: este libro que tienes entre tus manos también está aquí, contigo, en este lugar específico. Pero, al mismo tiempo, hay algo mucho más grande que nos une, y es que todos estamos en el mismo escenario principal, el único que conocemos. La Tierra, una esfera azul suspendida en la vastedad del espacio.

Desde tiempos inmemoriales, hemos intentado descifrar los secretos de este planeta que habitamos. Su forma, su tamaño, sus ciclos... Y, sobre todo, cómo ha llegado a ser el único rincón que, hasta donde sabemos, alberga vida. Pero aquí está la verdadera pregunta: ¿cómo llegamos nosotros, como especie, a comprender todo esto? ¿Qué pasos nos llevaron a desentrañar los misterios de nuestro propio hogar?

Cuando la Tierra dejó de ser plana

Aunque parezca increíble, hace más de 2.200 años, una persona fue capaz de medir la **circunferencia de la Tierra** e incluso estimar su radio con gran precisión sin contar con una fotografía tomada desde el espacio. ¿Cómo lo hizo? Con un simple palo. Sí, como lo lees. La persona en cuestión fue **Eratóstenes**, un astrónomo, historiador, filósofo, geógrafo, poeta y matemático. Y por si esto no fuera suficiente, tras formarse con los mejores profesores y estudiar durante años en Atenas, se convirtió en director de la gran Biblioteca de Alejandría.

Se dice que un día, en la biblioteca, Eratóstenes leyó un papiro sobre un lugar llamado Siena. Según algunas teorías, él ya conocía que la distancia entre Siena y Alejandría era de 800 kilómetros gracias a este papiro y a otros documentos a los que tuvo acceso en la biblioteca. Sin embargo, otras fuentes aseguran que contrató a un hombre para medir esta distancia paso a paso, literalmente. También existen otros relatos que afirman que la información provino de las caravanas de camellos que comerciaban entre ambas ciudades.

Pero volvamos a la teoría del palo que mencioné al principio. En Siena, un 21 de junio, durante el solsticio de verano, a mediodía el Sol se reflejaba por completo en las aguas de un profundo pozo, y no había nada que proyectara sombra: ni columnas ni ningún objeto. En este momento, los rayos del Sol caían completamente perpendiculares al suelo. El Sol estaba justo en su cénit. Era una observación que otros habían pasado por alto anteriormente. Columnas, reflejos en un pozo, la posición del sol, sombras... Todo esto no parecía ser más que una serie de simples detalles cotidianos sin mayor importancia.

Pero la mente de Eratóstenes no lo dejó pasar por alto. Se preguntó si cerca de Alejandría, durante el solsticio de verano, habría algún palo o columna proyectando sombra. Y tenía razón. Al mediodía del solsticio de verano, un palo clavado en la tierra en Alejandría proyectaba sombra, al igual que cualquier otro objeto en ese lugar. Además, en ningún pozo se reflejaba completamente el Sol. A diferencia de lo que ocurría en Siena, en ese mismo momento el Sol no se encontraba en el cénit de la ciudad de Alejandría.

Entonces, otra pregunta cruzó por su mente: ¿cómo podía ser que, al mismo tiempo, un palo en Siena no proyectara sombra, mientras que en Alejandría sí? Solo había una respuesta sencilla: la Tierra no era plana. Y no solo eso, sino que, a mayor curvatura, mayor sería la diferencia en la longitud de las sombras. Es decir, el Sol está tan lejos que sus rayos llegan completamente paralelos; por lo tanto, los dos palos, al tener ángulos distintos, proyectan sombras distintas. Gracias a la diferencia en el ángulo de incidencia de los rayos solares, Eratóstenes dedujo que la **separación angular** entre Siena y Alejandría es de unos 7°. Esto representa aproximadamente una cincuentava parte de la circunferencia de 360°.

Así fue como Eratóstenes realizó sus cálculos. Si multiplicamos la distancia aproximada entre Siena y Alejandría (unos 800 kilómetros) por 50, obtenemos cerca de 40.000 kilómetros, que indican la circunferencia de la Tierra, una cifra sorprendentemente cercana a la medida actual. A pesar de las posibles variaciones en las mediciones de la época, Eratóstenes logró una precisión asombrosa en su cálculo, con un margen de error estimado de entre el 1 y el 16 % respecto a las cifras modernas. Hoy en día, al realizar esta multiplicación (800 kilómetros por 50) obtenemos 40.000 kilómetros, que es la circunferencia de la Tierra, con un margen de error de tan solo un 0,02 %.

Eratóstenes llevó a cabo este experimento en torno al 240 a. C. Entonces, ¿cuáles fueron las herramientas que utilizó para obtener esas medidas? Palos, pies, ojos y cerebro. No necesitó subirse a ningún cohete ni ver la Tierra desde el espacio para medirla ni para conocer su forma.

El experimento de Eratóstenes no es el único que podemos llevar a cabo para confirmar que la Tierra no es plana. Todos sabemos que, cuanto más alto subimos, más lejos podemos ver. Si nuestro planeta fuera plano, esto no sucedería y podríamos divisar —casi— cualquier punto de la Tierra con un telescopio lo suficientemente potente: aunque un telescopio nos permitiera ver muy lejos en una Tierra plana, factores como la atmósfera y su propia curvatura crearían distorsiones que limitarían la visibilidad. Sin embargo, da igual, la curvatura del planeta es lo que nos lo impide.

Este hecho no es nada nuevo y se conoce desde hace mucho tiempo. Por eso los faros se construyen en lo alto de una torre, para que sean visibles desde mayor distancia. Lo mismo sucede cuando vemos llegar un barco. Primero aparece la parte más alta, el mástil, luego las velas y, por último, el casco.

Aunque esto ya es suficiente para conocer la verdadera forma de la Tierra, te dejo más ejemplos. Si tienes una cámara, un trípode y tiempo libre, puedes acercarte a un lugar sin contaminación lumínica y con el cielo despejado y comprobarlo tú mismo. Una vez encuentres el lugar ideal para observar el cielo nocturno, coloca el trípode y la cámara. Luego, saca fotos a las estrellas desde el mismo punto durante toda la noche. Cuando veas las imágenes, notarás que la posición de las estrellas no es la misma, sino que parece que han rotado en torno a un punto. Si superpones todas las fotos para crear una sola, verás un efecto conocido como **star trails**. Lo que se ve son las distintas posiciones de las estrellas a medida que la Tierra ha ido rotando sobre sí misma.

Si realizas este experimento en el hemisferio sur, verás que las estrellas giran en sentido horario. Sin embargo, si lo haces desde el hemisferio norte, las estrellas giran en sentido antihorario, lo que desmonta por completo la teoría de la Tierra plana. Lo mismo ocurre al observar la Luna desde un hemisferio y desde el opuesto. En uno de ellos, la Luna aparecerá en una posición, mientras que en el hemisferio contrario la verás dada la vuelta verticalmente, es decir, como si estuviera bocabajo o bocarriba en comparación con el otro hemisferio.

Fíjate qué sencillo: solo con observar, podemos demostrar la forma de la Tierra sin necesidad de alejarnos de ella y verla desde el espacio. Pero lo mejor de todo es que, además, ya la hemos observado desde el espacio y contamos con numerosas imágenes espectaculares de nuestro increíble planeta azul. Tras estos sencillos experimentos observacionales, que estoy seguro de que llevarás a cabo y que confirman la verdadera forma de la Tierra, podemos avanzar y conocer su verdadero origen.

Una esfera azul

Nuestro increíble planeta azul no siempre ha sido como lo conocemos hoy. En comparación con sus orígenes, la Tierra se ha convertido en un oasis donde la vida prospera. Donde antes reinaba el caos, ahora encontramos armonía y una asombrosa diversidad de ecosistemas que sustentan múltiples formas de vida. Pero para llegar a este punto, nuestro planeta ha atravesado por un largo proceso evolutivo que ha durado miles de millones de años. ¡Sí, miles de millones!

La edad de nuestro planeta se estima en unos **4.500 millones de años**. Durante todo ese proceso de evolución, la Tierra pudo haber permanecido cientos de millones de años sin ningún tipo de vida, aunque esta apareció relativamente pronto. De hecho, si condensáramos los 4.500 millones de años de historia terrestre en un solo año, la vida habría surgido aproximadamente en el «mes» de marzo. La evidencia más antigua y sólida de su existencia se remonta a hace **3.500 millones de años**, basada en el hallazgo de bacterias fosilizadas. Estas primitivas formas de vida eran simples, muy diferentes de las bacterias que conocemos hoy.

Así que sí, nuestro planeta ha pasado por un largo periodo de caos absoluto para que, miles de millones de años después, puedas estar aquí, aprendiendo sobre el lugar que habitamos. Y qué decir de todo lo que ha ocurrido en el Universo para hacer posible tu existencia. Pero no nos adelantemos, centrémonos en la Tierra, ya tendrás tiempo de contemplar todo el cosmos.

Es cierto que has visto todo tipo de fotografías de la Tierra y seguro que has viajado a distintos puntos del globo. Sin embargo, la gran mayoría de la gente apenas la ha contemplado más allá de su superficie. Sí, es verdad que, si has volado en avión, has en aumento. A esa distancia, aún eres capaz de distinguir algunos continentes que se asoman entre un mar de nubes, y notar las diferencias de tonalidad en su superficie.

Si has tenido la imaginación suficiente para situarte a esa distancia de nuestro planeta, entonces, te preguntas: ¿cómo se vería, desde aquí, la evolución de la Tierra desde sus orígenes? Decides retroceder el tiempo miles de millones de años. Poco a poco, observas cómo ese color azul tan característico de nuestro planeta comienza a transformarse en un tono oscuro y hostil. A medida que retrocede el tiempo, ves cada una de las diferentes etapas por las que ha pasado la Tierra, desde un mundo ardiente hasta uno completamente helado. Te das cuenta del caos y de lo hostil que fue nuestro planeta antes de que los primeros seres humanos pudieran contemplar y comprender sus maravillas. Tu hogar, el hogar de todos los seres humanos, ahora es tan solo una esfera incandescente en el vasto vacío del cosmos.

Paras el retroceso y, como si de una película se tratase, viajas hacia el futuro. Observas que las capas de nuestro planeta, que ahora es apenas un mundo naciente, comienzan a enfriarse. Sin embargo, el calor interno que irradia las hace fundirse de nuevo. A medida que el tiempo avanza de manera acelerada, percibes que se avecina un cambio. La temperatura desciende lo suficiente como para propiciar la formación de una corteza terrestre sólida y estable.

En aquel entonces, la Tierra era un mundo sin aliento, sin una atmósfera que la protegiera. Era vulnerable a los innumerables meteoritos que impactaban contra su superficie. La actividad volcánica era intensa, capaz de impulsar grandes masas de magma a la superficie. A medida que la lava emergía, se enfriaba y solidificaba, contribuyendo gradualmente al crecimiento y fortalecimiento de la corteza terrestre. Los volcanes, debido a su actividad, liberaron grandes cantidades de gases que, con el tiempo, dieron forma a una capa sobre la corteza. Aunque esta primera capa tenía una composición muy distinta a la que conocemos hoy, se convertiría en la primera línea de defensa de nuestro planeta.

El enfriamiento de la atmósfera permitió la condensación del vapor de agua en forma de lluvias prolongadas, lo que condujo a la formación de océanos. Esa **atmósfera primitiva**, con su peculiar mezcla de gases, también protegió la superficie terrestre de la **radiación ultravioleta** gracias a la acumulación de gases como el CO_2, que contribuyó a un temprano **efecto invernadero** y ayudó a mantener temperaturas compatibles con la existencia de agua líquida. Esto marcó el inicio de un proceso que sentaría las bases para la formación de la vida tal y como la conocemos.

Ahora, seguro que puedes apreciar la belleza de nuestro planeta azul como nunca lo habías hecho después de haberlo visto en distintos estados. Pero esto es solo una parte de su historia, ya que has acelerado el paso del tiempo. Has pasado por alto otros eventos y cuerpos celestes, como, por ejemplo, ¡la Luna! Ni siquiera te has dado media vuelta para observar el satélite. No tardas ni un segundo en buscarla entre la oscuridad que te rodea. Y ahí está, envuelta en la inmensidad del espacio. Te sorprende el nivel de detalle con el que puedes apreciarla desde esa distancia; nunca la habías visto así. Observas su superficie salpicada de cráteres, como cicatrices de antiguas batallas cósmicas, que relatan una historia de impactos y transformaciones a lo largo de miles de millones de años. Cada relieve, cada sombra, se convierte en una poesía visual que susurra secretos del pasado.

Nuestra acompañante, la Luna

Desde aquí, tan solo nos separan unos 384.400 kilómetros, pero ¿qué es esa distancia para tu poderosa imaginación? Absolutamente nada. Cierras los ojos y dejas que tu mente vuele hacia su superficie. Al abrirlos, te encuentras allí, lejos de tu hogar, en un lugar sin atmósfera. Su superficie brilla intensamente, reflejando los rayos del Sol, sin embargo, está envuelta en un cielo completamente negro. Contemplas algunos cráteres que, desde esa distancia, adquieren un tamaño asombroso. Entonces te preguntas: ¿por qué la Luna está llena de estos impactos, al contrario que la Tierra?

Realmente, es mucho más probable que un **asteroide o meteoro** colisione contra la Tierra que contra la Luna, ya que la gravedad, el tamaño y el área superficial de nuestro planeta son mayores que los satélites. Sin embargo, en la superficie lunar se observan miles de cráteres, mientras que en la Tierra apenas se registran unos cientos. ¿Qué sucede? La realidad es que tanto nuestro planeta como la Luna han sido impactados numerosas veces a lo largo de sus 4.500 millones de años de historia. La principal diferencia entre ambos cuerpos radica en que la Tierra cuenta con procesos que prácticamente eliminan cualquier rastro de impactos anteriores, mientras que la Luna carece de tales mecanismos. En la superficie lunar, cualquier huella, por mínima que sea, perdurará indefinidamente.

Existen tres mecanismos que contribuyen a mantener la superficie terrestre libre de cráteres. El primero es la **erosión**, un proceso influenciado por el clima, el agua y la vegetación, que actúan conjuntamente para desgastar y eliminar el relieve del suelo. Con el tiempo, la erosión puede reducir un cráter a prácticamente nada. En cambio, la Luna carece casi por completo de erosión, ya que no posee atmósfera. Esto significa que no tiene viento ni clima propios, lo que impide que se borren las marcas en su superficie una vez formadas. De hecho, las huellas polvorientas de los astronautas que exploraron la Luna siguen allí, sin indicios de desaparecer en el futuro cercano. Sí, en la Luna, se conservan las huellas de las pisadas humanas; están allí, y no en ningún set de grabación.

Además de lo mencionado, la atmósfera terrestre actúa como una barrera protectora frente a los numerosos cuerpos pequeños que se aproximan a nuestro planeta. Cuando estos cuerpos ingresan en la atmósfera, experimentan una rápida compresión del aire que, junto con la resistencia de este, provoca la desintegración de la mayoría de ellos antes de que alcancen la superficie. Por ello, los objetos de menos de unos pocos metros generalmente se vaporizan por completo, dando lugar a lo que llamamos meteoros, esas brillantes **estrellas fugaces** que cruzan el cielo nocturno.

Por otro lado, los cuerpos de mayor tamaño, aunque también sufren **ablación** —una pérdida gradual de masa provocada por el calor generado en la reentrada—, tienen mayor probabilidad de llegar a la superficie terrestre, en cuyo caso generan cráteres. Sin embargo, este proceso de ablación disminuye considerablemente su tamaño y energía, reduciendo el impacto que finalmente podría causar.

En contraste, la Luna no posee una atmósfera significativa, por lo que su superficie está prácticamente desprotegida ante el constante bombardeo de meteoroides. De hecho, incluso las partículas diminutas, como los **micrometeoritos**, impactan de forma continua la superficie lunar y contribuyen a la formación de una fina capa de **regolito**, el polvo lunar que lo recubre.

Pero ¿cuál fue el origen de nuestro satélite? ¿Por qué parece un compañero eterno de nuestro planeta? Hace 4.500 millones de años, un **protoplaneta** ardiente de unos cinco o seis mil kilómetros de diámetro —similar al tamaño de Marte—, conocido como **Theia**, orbitaba alrededor de nuestro Sol en una trayectoria muy cercana a la Tierra, que en aquel entonces era apenas otro protoplaneta. Con el paso del tiempo y tras múltiples interacciones entre estos dos planetas en formación, la gravedad hizo que ambos cuerpos colisionaran. Este impacto fue tan violento que destruyó casi por completo a Theia. Los restos del material fundido, producto del impacto, cayeron nuevamente sobre la Tierra. Los elementos más pesados, como el hierro, se integraron al núcleo terrestre, mientras que los más livianos fueron expulsados al espacio. Ese material quedó en órbita alrededor de nuestro planeta durante mucho tiempo, formando un anillo. Finalmente, la gravedad agrupó todos esos restos, dado lugar a lo que hoy contemplamos en nuestros cielos: la **Luna**.

No obstante, esta no es la única hipótesis sobre el origen de nuestro satélite. Algunas teorías sugieren que se formó simultáneamente con la Tierra a partir del mismo **disco de acreción**, mientras que otras proponen que fue capturada por la gravedad terrestre tras haberse formado en otra región del Sistema Solar. Aunque estas alternativas ofrecen perspectivas interesantes, presentan grandes desafíos para explicar ciertas características observadas, como la **composición isotópica** similar entre la Tierra y la Luna. Así que, por el momento, optamos por la primera teoría, ya que resulta la más plausible.

Nunca llegamos a la Luna... excepto las seis veces que sí

El 16 de julio de 1969, **Neil Armstrong**, **Buzz Aldrin** y **Michael Collins** emprendieron su misión histórica hacia la Luna. Hasta ese momento, ningún ser humano había puesto pie en otro cuerpo celeste. El 20 de julio, Armstrong y Aldrin se convirtieron en los primeros en caminar sobre la superficie lunar, tras haber aterrizado con éxito en el *Mare Tranquillitatis* (Mar de la Tranquilidad), una llanura situada en la cara visible de la Luna.

El aterrizaje del módulo lunar Eagle en la misión Apolo 11 estuvo al borde del fracaso debido a la escasez de combustible. Cuando Neil Armstrong y Buzz Aldrin se aproximaban a la superficie lunar el 20 de julio de 1969, se encontraron con un terreno más rocoso de lo esperado en la zona de aterrizaje planificada. Armstrong, comandante y piloto del módulo lunar, tomó el control manual para evitar un área con cráteres y rocas y guiar la nave hacia un lugar más seguro. Durante esos momentos críticos, el combustible del Eagle se agotaba rápidamente, y tanto los astronautas en la superficie como el equipo en Houston sabían que estaban al límite. Se estima que les quedaban entre quince y treinta segundos de combustible cuando finalmente lograron aterrizar. La situación era tan tensa que, de haberse agotado el combustible, el sistema automático habría abortado el aterrizaje y forzado el regreso del módulo a la órbita lunar.

Sin embargo, a lo largo de los años desde las misiones Apolo, muchas personas se han dedicado a buscar evidencias que respalden la teoría de que la llegada del hombre a la Luna fue un fraude. Según estas voces, todo habría sido un montaje diseñado para ganar la carrera espacial de entonces y posicionar a los Estados Unidos como el primer país en alcanzar este hito. El problema es que cada uno de los supuestos indicios planteados por los defensores de esta idea tiene una explicación respaldada por la ciencia y los hechos.

Para respaldar estos hechos no hace falta ser un experto en ciencia; basta con tener la humildad de preguntarnos sobre aquello que desconocemos, buscar la información necesaria y confiar en la ciencia, ya que esta no se basa en creencias, sino en evidencias. Recuerda: la duda es la base del pensamiento científico. En el momento en que no sabemos algo, abrimos la puerta al conocimiento y a la búsqueda de respuestas, lo que nos conduce a la investigación.

Se me ocurre algo: sigamos utilizando la imaginación para visitar el lugar de aterrizaje del Apolo 11 y descubrir la explicación de todas estas dudas sobre la misión. Te encuentras sobre la superficie lunar, en plena soledad, y a lo lejos comienzas a divisar algo que no resulta acorde al terreno de la Luna, algo que parece no tener cabida allí. A medida que te acercas, su forma rectangular y sus tono azul y rojizo se hacen cada vez más evidentes. Te detienes, perplejo, al darte cuenta de lo que estás presenciando: la emblemática bandera de los Estados Unidos, izada en honor a la hazaña histórica que tuvo lugar ahí mismo. Se apodera de ti una sensación de asombro y admiración ante este símbolo de la exploración espacial humana en un entorno tan inhóspito y distante.

En ese momento, algunas preguntas de los conspiracionistas te vienen a la mente: «¿por qué no se ve ni una estrella en las fotos del alunizaje?», «¿por qué ondeaba la bandera si en la Luna no hay viento?». Y también surge alguno de sus juicios: «¡Eso es una prueba evidente de todo fue rodado en un set!». Para ello, encaja perfectamente una frase del famoso físico Albert Einstein que siempre deberías recordar: «Todos somos muy ignorantes; lo que ocurre es que no todos ignoramos las mismas cosas».

Es común que los escépticos de la llegada a la Luna ignoren o pasen por alto el funcionamiento de una cámara en entornos de alta luminosidad. Tan simple como eso. En numerosas imágenes espaciales, la ausencia de estrellas se debe al tiempo de exposición empleado para capturar la escena. Cuando se toman fotografías en primer plano de la superficie lunar o terrestre, no se requiere una exposición prolongada, lo que significa que la cámara capta poca luz. En estas circunstancias, las estrellas, cuya intensidad lumínica es inferior a la del objeto principal fotografiado, no quedan registradas.

Entonces, ¿podemos capturar las estrellas y un objeto sobre la Luna en la misma imagen? Sí, técnicamente es posible lograrlo ajustando el tiempo de exposición, abriendo más el diafragma o modificando el ISO. Sin embargo, el resultado sería deficiente: aunque se podrían detectar las estrellas, el objeto principal quedaría completamente sobreexpuesto, desenfocado y falto de nitidez. De hecho, lo podrás comprobar tú mismo: solo tendrás que tomar una foto del cielo en la que el objeto principal esté bien iluminado y verás cómo esa noche estrellada que contemplabas con tus ojos se pierde por completo en la imagen final.

En cuanto al movimiento de la bandera, no tiene mucho misterio: simplemente se trata de la acción de la gravedad. En la Luna no hay atmósfera, pero sí gravedad y, aunque esta sea menor que la de la Tierra, sigue siendo gravedad. La bandera estaba sujeta a una varilla telescópica en su parte superior para mantenerla extendida por completo. Al plantar el asta, los astronautas ejercieron ciertas fuerzas y realizaron movimientos para clavarla en la superficie lunar. Esos mismos movimientos hacen que la bandera parezca ondear una vez la sueltan, debido a la inercia generada al clavarla. ¿Acaso en la Tierra solo se puede mover una bandera por la fuerza ejercida por una corriente de aire?

¿Y qué hay de las huellas de los astronautas? ¿Cómo es posible que se queden perfectamente marcadas en la superficie cuando está totalmente seca? Lo primero que debemos hacer para contestar esta pregunta y poder afirmar algo con sentido es conocer las características del polvo lunar, conocido como regolito. Ese fino polvo gris que recubre toda la superficie de la Luna es, en realidad, una mezcla de varios minerales. Los fragmentos que componen este polvo son de diferentes tamaños; a esto se suma la débil atracción gravitatoria. El regolito, con sus peculiares propiedades físico-químicas, permitió que las huellas quedaran marcadas en la superficie de manera casi permanente. Seguramente tienes dudas de que esto se haya podido demostrar aquí en la Tierra. Pues la respuesta es sí: existe un famoso episodio de *Cazadores de mitos* titulado «NASA Moon Landing», en el que se demuestra cómo se forma una huella, incluso cuando el propio regolito está totalmente seco.

Como ves, hay muchas más hipótesis de los conspiracionistas que cuentan con una explicación y demostración correctas. Sin ir muy lejos, el 22 de julio de 2019 India lanzó **Chandrayaan-2**, una misión espacial de la Organización de Investigación Espacial de India, cuyo objetivo principal fue estudiar la composición y geología de la superficie lunar. El orbitador de esta misión, poco después de entrar en la órbita lunar, logró capturar imágenes con su cámara óptica de alta resolución (OHRC) de las zonas de aterrizaje de las misiones

Apolo 11 y Apolo 12. La publicación de esta imagen debería haber causado un gran revuelo, en particular entre los negacionistas de la realidad, ya que en la fotografía se aprecia el módulo de aterrizaje del Apolo 11. Sin embargo, aunque las imágenes del LRO son una prueba contundente para muchos, los conspiracionistas suelen rechazar las evidencias, incluso cuando se les presentan.

Pocos años antes, las imágenes de los sitios de aterrizaje de las misiones Apolo también fueron capturadas por la **Lunar Reconnaissance Orbiter** (LRO) de la NASA, lanzada en 2009.

No obstante, conviene recordar que la imagen obtenida por la sonda de India es la primera de altísima resolución de la zona de alunizaje de una misión Apolo tomada por una sonda no estadounidense. Se suponía que los conspiracionistas, que rechazaban las imágenes de la LRO —debido a que se trata de una sonda de EE. UU.—, iban a cambiar de opinión y admitirían que el Apolo 11 alunizó de verdad. Pero no ha sido así.

A lo largo de toda la historia de la exploración espacial —y especialmente desde que se llegó a la Luna—, muchas personas creen que la misión Apolo 11 fue la única que logró poner a seres humanos en la superficie lunar. Sin embargo, esto no es para nada cierto. La gran fama de esta misión se debe a que fue la primera en la que los astronautas pisaron la superficie de nuestro satélite. Tras la icónica misión se llevaron a cabo otras seis, de las cuales cinco lograron alcanzar la superficie lunar. En total, doce astronautas tuvieron el privilegio de dejar sus huellas en el suelo de la Luna.

Aquí tienes la lista completa de los únicos humanos que han caminado sobre la superficie lunar hasta la fecha:

1. **Apolo 11.** Neil Armstrong y Buzz Aldrin
2. **Apolo 12.** Charles Conrad y Alan L. Bean
3. **Apolo 14.** Alan B. Shepard y Edgar D. Mitchell
4. **Apolo 15.** David R. Scott y James B. Irwin
5. **Apolo 16.** John W. Young y Charles M. Duke
6. **Apolo 17.** Eugene Cernan y Harrison H. Schmitt

El récord de distancia caminada por la superficie lunar lo ostentan los astronautas Eugene Cernan y Harrison H. Schmitt, de la misión Apolo 17 —la última en alunizar, en diciembre de 1972—. Durante esta misión, ambos recorrieron una distancia total de alrededor de 35 kilómetros en sus tres **paseos lunares** (EVAs), gracias al uso del **vehículo lunar** (Lunar Roving Vehicle, LRV), que les permitió desplazarse más lejos del módulo lunar y explorar áreas más extensas en el **valle de Taurus-Littrow**.

Bueno, y la última gran duda: ¿por qué no hemos vuelto desde entonces? A inicios de los años setenta, la NASA se enfrentó a una significativa reducción de su presupuesto, y el programa Apolo dejó de ser la máxima prioridad entre los próximos objetivos espaciales. Tras haber recolectado suficientes muestras de suelo lunar y de haber superado a la Unión Soviética en la carrera espacial, el programa comenzó a perder relevancia. A partir de ese momento, la NASA se centró en nuevos objetivos: desde la instalación de un laboratorio en la órbita terrestre y el desarrollo de lanzaderas espaciales, hasta la construcción de la Estación Espacial Internacional y el envío de numerosas sondas a nuestros planetas vecinos del Sistema Solar. Hasta la fecha, no ha habido más necesidad de volver a la Luna.

En la actualidad, gracias a los avances tecnológicos recientes en el ámbito espacial y al auge de empresas como

SpaceX, la vuelta a la Luna se ha convertido en un nuevo programa. Y ahora tiene aún más sentido regresar, pues tenemos otro objetivo en mente: Marte. El programa Artemis de la NASA tiene como meta llevar nuevamente a seres humanos a la Luna (incluyendo a la primera mujer y al próximo hombre). Por ello, se estima que el primer alunizaje tripulado tras las misiones Apolo tendrá lugar en septiembre de 2026, mediante la **misión Artemis III**. Cabe tener en cuenta que, en misiones de esta magnitud, suelen producirse retrasos; de hecho, ya se han registrado varios.

Este regreso no solo tiene la intención de continuar con la exploración de nuestro satélite, sino también —y, considero, es uno de los aspectos más interesantes del programa— establecer bases en la Luna para futuras misiones al planeta rojo, en colaboración con SpaceX y sus naves, como la Starship.

Ahora que has disipado todas tus dudas sobre el alunizaje, puedes disfrutar aún más del poder de tu imaginación. Recuerda: aún te encuentras allí...

Explora la Luna y descubrirás la Tierra

La Luna es mucho más que una musa para románticos y poetas. Su presencia ha sido fundamental para que la vida en la Tierra se desarrolle tal y como la conocemos. Actúa como un ancla gravitatoria que estabiliza el eje de rotación de nuestro planeta, manteniéndolo inclinado a unos 23,5 grados. Sin esta inclinación estable, nuestro clima sería impredecible y extremo, con cambios caóticos que dificultarían la existencia de estaciones regulares. En cierto modo, la Luna es como un timón que permite a la Tierra mantener su curso estable a lo largo de los milenios.

Además, la coincidencia entre el tamaño aparente de la Luna y el del Sol es un asombroso capricho cósmico. Aunque el Sol es aproximadamente cuatrocientas veces más grande que la Luna, la distancia entre la Luna y la Tierra está en perfecta proporción para que ambos se observen casi idénticos en tamaño. Esto posibilita la maravilla de los eclipses solares totales, un fenómeno único en el Sistema Solar que nos revela la corona del Sol, visible únicamente cuando la Luna lo cubre por completo.

Pero la relación entre la Tierra y la Luna no es completamente estática. Año tras año, la Luna se aleja unos 3,8 centímetros de nosotros debido a las fuerzas de marea. Esto significa que, hace millones de años, la Luna estaba mucho más cerca, dominando el cielo nocturno con su imponente tamaño. Además, las noches en la Tierra eran más cortas, ya que su proximidad afectaba también la velocidad de rotación del planeta. Lejos de ser solo una «compañera de viaje», la Luna constituye un vínculo inseparable para la Tierra, puesto que moldea nuestras condiciones de vida de manera profunda y, en muchas ocasiones, imperceptible.

Desde la tranquila superficie lunar te detienes por un momento y observas el paisaje árido y polvoriento que te rodea. De repente, por el rabillo del ojo, algo capta tu atención. La Tierra surge en el horizonte como una joya brillante, suspendida en el oscuro lienzo del espacio, como un faro de esperanza en medio de la vasta soledad lunar. Parece como si la propia esencia del Universo estuviera pintando un cuadro celestial frente a tus ojos. Desde allí, aprecias con claridad sus océanos y continentes, que se extienden como pinceladas de vida en la inmensidad cósmica, mientras su atmósfera la envuelve con un abrazo protector. Sin duda, estás viviendo un momento de profunda conexión, un instante en el que te sientes unido a tu ahora lejano hogar, de una manera que nunca antes habías experimentado. Ahora comprendes la sensación que vivieron los astronautas del Apolo 8 cuando captaron, desde el módulo, el mismo evento que acabas de presenciar.

A medida que vas ensanchando tu imaginación, sientes cómo la gravedad lunar se debilita y te permites flotar libremente en la oscuridad del espacio. Conforme te alejas, la Tierra se reduce a una diminuta esfera azul, suspendida en la inmensidad de un espacio estrellado. Su delicada belleza resalta aún más ante el vasto telón negro que la rodea, y recuerdas, una vez más, lo pequeños que somos en comparación con el Universo. Finalmente, solo eres capaz de apreciar la Luna como un pequeño punto blanco.

A partir de este momento, cada vez que observes la Luna serás plenamente consciente de la distancia que la separa de la Tierra. Verás la luz reflejada por la superficie, la cual recorre todo ese trayecto hasta llegar a tu ojo. La luz solar reflejada por la Luna tarda 1,3 segundos en recorrer la distancia hasta la Tierra. Es decir, cada vez que levantes la vista para contemplarla tendrás la oportunidad de apreciar el pasado, de recordar lo que un día lograron los humanos al llegar allí, y de saber que en ella se conserva intacta la huella de un «pequeño paso para un hombre y un gran salto para la humanidad». Muchas personas desconocen estos hechos —y tantos otros— que tú ahora has conocido tras este viaje, lo que te permite ver la realidad en su forma más pura y ser consciente de las maravillas de nuestro hogar en el cosmos.

2
EL ORIGEN DEL SISTEMA SOLAR

Después de este primer paseo espacial, ahora comprendes mejor el origen de nuestro planeta, su verdadera forma, el nacimiento y las características de la Luna e incluso las claves de las misiones Apolo, cuya veracidad está plenamente demostrada. Sin embargo, lo realmente fascinante es que esto es solo el comienzo de todo lo que el Universo aún tiene por revelarnos, ya que siempre nos reserva nuevas sorpresas.

Ahora es momento de aventurarnos a ir aún un poco más lejos. Hablo de alejarnos todavía más de la Tierra y de nuestro satélite natural. Es el siguiente paso que debemos dar si queremos conocer de verdad nuestros orígenes, y lo haremos a través de los planetas vecinos. Digo «vecinos» porque, aunque las distancias en el Universo son enormes —incluso entre los planetas de nuestro propio Sistema Solar—, al observarlos desde una escala mayor nos damos cuenta de que realmente están muy interconectados. Se podría decir que todos los planetas que conforman el Sistema Solar forman parte de una familia con un nexo en común, una especie de guía cósmica que les dicta cómo deben moverse por el espacio. Ese guía es nuestra estrella: el Sol.

He llegado a leer teorías que afirman que el Sol se encuentra dentro de una especie de cúpula que rodea la Tierra, es decir, que no está tan lejos como sabemos. Según los partidarios de estos supuestos, nuestra estrella estaría muy cerca de nosotros, como una bombilla colocada para iluminarnos, y su movimiento se limitaría al interior de esa supuesta cúpula. Cuando se les pregunta que por qué el Sol no cae hacia la superficie debido a la gravedad, responden que se trata de un engaño. Este tipo de afirmaciones refleja una gran falta de conocimiento e información.

En el capítulo anterior ya se demostró la verdadera forma de la Tierra, lo que indica que la idea de un domo o cúpula carece por completo de fundamento. Sin embargo, resulta mucho más interesante y científicamente enriquecedor explorar lo que realmente es el Sol: dónde se encuentra, cómo se formó y por qué es la pieza fundamental de nuestro sistema estelar. Recuerda que hacernos preguntas nos impulsa a avanzar, y no a quedarnos atrapados en teorías sin base científica.

El Sol, ¿una deidad que nos ilumina?

¿Cuántas veces habrás dicho, leído u oído la palabra «Sol» a lo largo de tu vida? Probablemente muchas, tantas que ni siquiera necesitas pensarlo demasiado. Sin embargo, la mayoría de las personas, al pensar en esta estrella, no saben realmente qué es ni cómo funciona. Saben que aparece cada mañana, se oculta al atardecer o durante la noche —según la estación—, y que una exposición prolongada sin protección puede causar quemaduras y enfermedades a medio y largo plazo.

En cuanto a su aspecto, lo visualizan tal y como lo han observado a lo largo de los años: como un cuerpo cambiante, anaranjado al atardecer —justo en el momento en el que puede mirarse directamente sin molestias—, o bien blanco y amarillo durante las horas en que emite un calor intenso. Y, aunque algunos de estos conceptos son en parte ciertos, otros se distancian completamente de la realidad. Lo que sí sabemos todos es que el Sol es una estrella, ¿verdad? En cualquier caso, ¿cómo llegamos a esa conclusión? Y, más importante aún, ¿qué es una estrella en realidad?

El primer entendimiento del Sol como objeto celestial significativo se remonta a tiempos inmemoriales, cuando muchas civilizaciones antiguas lo veneraban como una deidad o lo relacionaban con sus calendarios y ciclos agrícolas. Los egipcios, por ejemplo, adoraban a Ra, el dios del Sol, quien ocupaba un lugar central en su panteón. En la mitología griega y romana, el Sol se personificaba en dioses como Helios y Apolo; aunque este último no representaba directamente al Sol físico que vemos en el cielo, se le consideraba el encargado de guiarlo a diario de este a oeste en su resplandeciente carroza de oro.

El filósofo griego Anaxágoras fue uno de los primeros teóricos en proponer una explicación científica sobre el Sol. Sugirió que el Sol era una masa incandescente de piedra y que la Luna era una roca que reflejaba la luz del Sol, en lugar de producir su propia luz. Tras estas declaraciones, fue acusado de impiedad y condenado al exilio, hace más de 2.400 años. Si lo pensamos detenidamente, el razonamiento de Anaxágoras se acerca bastante a la realidad, sobre todo en lo que respecta a la Luna y a su capacidad para reflejar la luz solar.

En el siglo III a. C., el astrónomo griego Aristarco de Samos fue uno de los primeros en proponer que el Sol —y no la Tierra— era el centro. Con ello, empezó a esbozar lo que más tarda se consolidaría como el modelo heliocéntrico y, *a posteriori*, calculó que el Sol era mucho más grande que la Tierra. Este fue un primer paso hacia la comprensión de la verdadera naturaleza de nuestra estrella, un camino que continuaría con científicos de la talla de Nicolás Copérnico, Galileo Galilei e Isaac Newton. Gracias a sus contribuciones y a los avances de la ciencia moderna, hemos evolucionado de observaciones rudimentarias a desentrañar la composición y los procesos internos del Sol. Hoy sabemos que nuestra estrella es una entre los miles de millones que pueblan el Universo, y nuestro conocimiento sobre ella ha avanzado considerablemente gracias a las observaciones modernas, que nos permiten comprender mucho mejor su composición y funcionamiento.

Una estrella: una esfera de gas

Sin embargo, aún nos queda por definir qué es, en esencia, una estrella. Vamos a ello. Este objeto astronómico es, en realidad, una esfera de gas extremadamente caliente que se mantiene unida por su propia gravedad. La mayoría de estas esferas están compuestas principalmente por hidrógeno, con el helio como segundo elemento más abundante, además de pequeñas trazas de otros elementos.

Nuestra estrella, el Sol, no es particularmente especial en cuanto a su composición, ya que comparte estas características con las demás estrellas que observamos en el cielo nocturno. Sin embargo, existen estrellas con una amplia variedad de tamaños, masas, temperaturas y edades. Algunas son más grandes, más masivas y presentan temperaturas más elevadas o más bajas; dependiendo de sus propiedades, se clasifican en diferentes tipos espectrales y según su etapa evolutiva, lo que permite distinguirlas en función de su temperatura, masa y brillo.

De hecho, el Sol es una estrella de tipo-G en la secuencia principal. Quizá esto que te acabo de decir no te resulte familiar, pero no te preocupes, ya que simplemente es otra manera de decir que se trata de una enana amarilla. ¿Esto te suena algo más? Es un tipo de estrella que alcanza una temperatura superficial de unos 6.000 °C, y su brillo presenta un tono amarillo muy brillante, casi blanco. En concreto, la temperatura en la superficie del Sol es de unos 5.500 ºC. Sin embargo, si nos adentramos en su núcleo, donde la intensa atracción gravitatoria produce una presión extrema, la temperatura puede superar los quince millones de grados centígrados.

Es en esta región donde los átomos de hidrógeno se comprimen y se fusionan para dar lugar al helio. En el núcleo del Sol, la fusión de hidrógeno en helio libera energía en forma de fotones, que luego viajan hacia la superficie antes de emitirse al espacio en forma de luz visible y otras radiaciones. Este proceso libera una enorme cantidad de energía, la que produce el brillo de las estrellas y las mantiene estables frente al colapso gravitacional.

Lo más asombroso es que este proceso está ocurriendo de forma constante, incluso mucho antes de que tú nacieras: desde la formación del Sol, hace aproximadamente 4.600 millones de años, hasta nuestros días, y seguirá así durante otros cinco mil millones más. Así que ya sabes: la vida útil de una estrella como el Sol es de alrededor de 10.000 millones de años.

En efecto, nuestra estrella se encuentra a la mitad de su ciclo de vida.

En el futuro, cuando el Sol agote el hidrógeno en su núcleo, entrará en la fase de gigante roja, lo que provocará una expansión que engullirá las órbitas de los planetas más cercanos, incluida, posiblemente, la Tierra. Durante esta etapa, el núcleo solar colapsará y el Sol comenzará a fusionar helio y a liberar enormes cantidades de energía que acelerarán su expansión. Sin embargo, una vez agotado el helio, no dispondrá de la masa suficiente para iniciar la fusión de elementos más pesados; por ello, expulsará sus capas externas, formará una nebulosa planetaria y dejará tras de sí un núcleo denso y caliente: una enana blanca. Este remanente se enfriará lentamente a lo largo de miles de millones de años hasta, en efecto, convertirse en una enana negra.

¿Cuántas Tierras podría contener el Sol?

Otra de las preguntas que podemos hacernos sobre nuestro astro es acerca de su tamaño. ¿Cómo es de grande el Sol en comparación con los demás planetas del Sistema Solar? Su diámetro es de 1.391.000 kilómetros, mientras que el de nuestro planeta es de 12.742 kilómetros. En otras palabras, el Sol podría albergar alrededor de 1,3 millones de Tierras en su volumen. La diferencia es gigantesca, muy lejos de lo que Aristarco de Samos imaginó en su tiempo.

Sin embargo, vamos con un ejemplo más claro para que comprendas por completo la magnitud de esta estrella. Imagina que reduces el Sol y los demás planetas del Sistema Solar a una escala más familiar para nosotros. Por ejemplo, supón que el Sol se convirtiera en una pelota de baloncesto. ¿Qué tamaño tendría la Tierra en esa misma escala? Sería algo así como la cabeza de un alfiler. Sí, así de diminutos somos cuando nos comparamos con el Sol.

¿Cómo medir la distancia que nos separa?

La distancia entre la Tierra y el Sol siempre ha sido considerada una de las medidas más importantes y fundamentales. Esta medición fue llevada a cabo en 1670 por el astrónomo Giovanni Cassini, quien aprovechó los nuevos instrumentos de la época. Ya entonces, la teoría heliocéntrica estaba bien establecida y las leyes de Kepler habían demostrado que el Sol se encontraba en el centro del Sistema Solar.

La dificultad de medir directamente la distancia entre nuestro planeta y el Sol llevó a Cassini a recurrir a un método indirecto. Gracias a las leyes de Kepler, supo que podía calcular dicha distancia si lograba medir la distancia a un planeta cercano. En ese momento, Marte se encontraba en oposición y estaba relativamente cerca de la Tierra, por lo que Cassini decidió observarlo utilizando el método de paralaje.

Para ello, midió el ángulo de Marte desde dos puntos distintos en la Tierra al mismo tiempo. Luego, utilizando principios de trigonometría y aprovechando la diferencia en los ángulos observados, calculó la distancia a Marte. A partir de esta medida y aplicando la tercera ley de Kepler, estimó la distancia de la Tierra al Sol, y logró así un hito pionero en la historia de la astronomía.

Realiza esta sencilla prueba. Levanta el pulgar derecho frente a un objeto que tengas a la vista. A continuación, de forma alterna, guiña cada ojo en dirección a tu pulgar. Notarás que, aunque parece moverse, tu pulgar en realidad permanece quieto. Conociendo la distancia entre tus ojos, midiendo el «ángulo de movimiento» aparente y aplicando trigonometría básica, podemos calcular la distancia hasta él. Este fenómeno, conocido como **paralaje**, es fundamental para determinar la distancia a objetos celestes.

Para que el cálculo funcionara, Giovanni Cassini tenía que determinar con precisión la distancia de referencia entre dos puntos de la Tierra. Para ello, envió a su colega Jean Richer a la Guayana Francesa, mientras él se quedó en París. La idea principal del experimento, entonces, era utilizar el método de paralaje, que funciona de forma similar a como nuestros ojos calculan distancias mediante la visión estereoscópica: cada ojo ve un objeto desde un ángulo ligeramente diferente, y el cerebro utiliza esa diferencia para calcular la profundidad.

En este caso, los «ojos» fueron París y Cayena (en la Guayana Francesa), separados por miles de kilómetros en la Tierra. Imagina que Cassini y Richer observaron Marte desde estos dos puntos distantes y registraron su posición exacta en el cielo de forma simultánea, sincronizando sus observaciones con la ayuda de las lunas de Júpiter y sus eclipses, que actuaban como una especie de reloj astronómico. La diferencia en la posición aparente de Marte desde París y Cayena —debido a la distinta línea de visión— permitió a Cassini aplicar la trigonometría para determinar, en términos absolutos, la distancia de la Tierra a Marte.

Una analogía más cercana podría ser la de intentar medir la altura de un árbol al otro lado de un río sin cruzarlo. Si te sitúas en dos puntos distintos de la orilla, separados por una distancia conocida, y apuntas hacia el árbol desde cada posición, podrás calcular la altura utilizando la diferencia en ángulos de observación.

Para Cassini, el equivalente del «árbol» era Marte, y la distancia entre París y Cayena le proporcionaba la base necesaria para su cálculo. A partir de esta medida exacta de la distancia a Marte, y gracias a la tercera ley de Kepler —que describe cómo los periodos orbitales de los planetas están relacionados con sus distancias al Sol—, Cassini pudo calcular la distancia de la Tierra al Sol en unidades absolutas, estableciendo así la primera medida precisa de la unidad astronómica. El resultado fue sorprendentemente exacto: 150 millones de kilómetros.

Actualmente, sabemos que la distancia al Sol varía entre 147 y 152 millones de kilómetros. Pero, una vez más, quiero que seas consciente de esta magnitud. Seguramente tienes en casa una pelota de fútbol de tamaño estándar, que suele ser de unos 22 centímetros de diámetro. Si dispones de suficiente espacio, coloca la pelota en el suelo e imagina que representa al Sol. ¿A qué distancia se encontraría nuestro planeta si el Sol fuera del tamaño de la pelota? Ponte justo a la distancia de la pelota, camina aproximadamente treinta pasos hacia adelante y detente. Teniendo en cuenta que la longitud media de un paso humano es de unos 74 centímetros, deberías encontrarte a unos 23 metros de la pelota. Esa es justamente la distancia a la que estaría nuestro planeta si el Sol tuviera el tamaño de una pelota de fútbol. Además, a esa escala, nuestro planeta tendría un diámetro de aproximadamente dos milímetros, es decir, sería algo más pequeño que un grano de arroz. Así, podrías marcar tu posición, colocar un grano de arroz y apreciar la inmensa distancia que nos separa de nuestra estrella.

Ahora ya tienes una noción real de lo que es el Sol, de su tamaño, de lo que sucede en su interior y de lo lejos que se encuentra de nosotros. ¿Existe algo más fascinante que descubrir el misterio de la naturaleza y el funcionamiento de la realidad a la que pertenecemos? Albert Einstein dijo una vez:

> El misterio es lo más hermoso que nos es dado sentir. Es la sensación fundamental, la cuna del arte y de la ciencia verdaderos. Quien no la conoce, quien no puede asombrarse ni maravillarse, está muerto. Sus ojos se han extinguido.

La creación del Sistema Solar

Comprender nuestro lugar en el Universo y la inmensidad de nuestra estrella es tan solo una pieza de un rompecabezas cósmico mucho mayor. Para conocer realmente nuestros orígenes, debemos ir más allá. Es necesario retroceder en el tiempo para entender cómo se formó nuestro Sistema Solar, es decir, cómo nacieron nuestra estrella, todos sus planetas y nuestros vecinos cósmicos.

Utilizando nuestra máquina del tiempo favorita —la imaginación— retrocedamos hasta hace unos 4.600 millones de años. En ese preciso momento, en un rinconcito de la Vía Láctea, observas cómo una inmensa nube de gas y polvo, conocida como nebulosa solar, comienza a colapsar bajo su propia gravedad. Esta nube está compuesta por una mezcla de gases, partículas de polvo y los restos de generaciones anteriores de estrellas que agotaron su ciclo de vida.

La gravedad hace que la mayor parte del material se acumule en el centro, lo que da lugar al nacimiento de nuestra estrella. El material restante, en su entorno, empieza a conformar lo que se conoce como el «**disco protoplanetario**», un proceso crucial que definirá las órbitas de los planetas. A medida que la nebulosa colapsa, su material empieza a girar cada vez más rápido, dado lugar a un disco protoplanetario aplanado. En el centro de este disco, la densidad y la temperatura aumentan considerablemente, marcando así el origen del Sol.

En el disco protoplanetario que rodea a esa joven estrella, pequeñas partículas de polvo comienzan a agruparse bajo la acción de la gravedad. Con el tiempo, estas partículas se transforman en cuerpos rocosos de varios kilómetros de diámetro, conocidos como planetesimales. La gravedad sigue provocando que estos planetesimales colisionen entre sí, fusionándose para formar protoplanetas de tamaños mayores, de varios cientos de kilómetros de diámetro.

En las regiones más cercanas al centro del disco, donde las temperaturas eran más elevadas, estos protoplanetas se componen de materiales con altos puntos de fusión. Esto permite que, al condensarse, se conviertan en los planetas rocosos: Mercurio, Venus, la Tierra y Marte. Por otro lado, en las regiones más externas del disco, donde las temperaturas eran más bajas, el hielo se condensó junto con el polvo y el gas, lo que permitió que los planetesimales en estas áreas crecieran considerablemente al acumular grandes cantidades de gas. Este proceso dio lugar a los gigantes gaseosos de nuestro Sistema Solar: Júpiter, Saturno, Urano y Neptuno.

Otros cuerpos celestes

El Sistema Solar contiene mucho más que lo que hemos visto hasta ahora. Mas allá de los planetas principales, existe una gran variedad de objetos menores: planetas enanos, asteroides, cometas...

Planetas enanos

Cuerpos celestes que, a menudo, quedan eclipsados por los gigantes planetarios, tienen un papel crucial en la historia y la dinámica de nuestro Sistema Solar. A través de ellos podemos comprender mejor su origen real.

Seguramente, cuando escuchas hablar de planetas enanos, lo primero que se te viene a la mente es Plutón. Sin embargo, existen otros que quizá no te resulten tan familiares o incluso nunca hayas oído, como Ceres, Haumea, Makemake y Eris. A menudo, se han convertido en los eternos olvidados en algunos libros de texto o en charlas específicas de astronomía y astrofísica. Aun así, estos pequeños mundos tienen una historia tan fascinante y compleja como la de sus hermanos mayores.

Asteroides

Tampoco debemos restarle importancia a los asteroides y cometas. Aunque algunos gozan de más fama que otros, sin duda desempeñan un importante papel en el vasto escenario del Sistema Solar. Mientras algunos planetas enanos se ubican en las regiones más distantes, los asteroides ocupan posiciones más cercanas, principalmente en el cinturón de asteroides entre Marte y Júpiter. Estos fragmentos rocosos son los vestigios de la formación temprana del Sistema Solar, bloques de construcción que no lograron convertirse en planetas.

Un ejemplo fascinante, del que se ha hablado mucho recientemente, es el asteroide Bennu. La **misión OSIRIS-REx** de la NASA se lanzó el 8 de septiembre de 2016 con el objetivo de estudiar Bennu. La sonda viajó durante dos años recorriendo millones de kilómetros hasta llegar al asteroide, donde recogió muestras de su superficie y las envió a la Tierra, muestras que no llegaron hasta 2023. ¿No te parece una misión increíble?

Si deseas verlo con tus propios ojos, te tengo una buena noticia: se grabó el momento en el que la sonda alcanzaba al asteroide, y puedes encontrar ese vídeo en internet. Pero lo sorprendente de la misión no es solo su complejidad y el éxito que tuvo, sino lo que se descubrió al analizar las muestras. En ellas no solo encontraron componentes esenciales para la vida, sino que también hallaron fosfato de magnesio y sodio. Esto podría sugerir que el asteroide se desprendió de un antiguo y pequeño mundo oceánico que ha estado viajando por el espacio durante miles de millones de años. Sin embargo, aún no se ha confirmado si estos minerales provienen efectivamente de cuerpos oceánicos. ¡No puedes decirme que no es impresionante! Estos hallazgos podrían respaldar la hipótesis de que los componentes esenciales para la vida habrían viajado a través del espacio en asteroides como Bennu, sembrando en otros mundos las semillas de la existencia.

Cometas

Sigamos con los cometas, aunque primero es importante aclarar que la principal diferencia entre un cometa y un asteroide reside en su composición. Mientras que un asteroide está formado principalmente por roca, los cometas contienen una mezcla de hielo (principalmente de agua, dióxido de carbono y otros compuestos volátiles) y materiales orgánicos complejos, además de polvo y roca.

En cuanto a su origen, los cometas se forman en las regiones exteriores del Sistema Solar, en zonas como el Cinturón de Kuiper —más allá de Neptuno— o la Nube de Oort, una región hipotética que se extiende distancias mucho mayores y que rodea todo el Sistema Solar. En estos entornos, las temperaturas son lo suficientemente bajas como para que el hielo se mantenga sólido. De hecho, cuando un cometa se acerca al Sol, el calor hace que el hielo se sublime, creando una atmósfera brillante alrededor de su núcleo denominada «coma». En contraste, los asteroides se originaron en la región interna del Sistema Solar, principalmente en el cinturón de asteroides, y son restos del proceso de formación del propio sistema. Además, en cuanto a sus órbitas, los cometas siguen trayectorias elípticas muy alargadas, lo que implica que viajan enormes distancias desde el Sol y regresan a él después de largos periodos.

Un ejemplo muy conocido es el cometa Halley, probablemente el más famoso de todos. La historia de su descubrimiento no solo es asombrosa, sino que también está llena de anécdotas poco conocidas, entre las que destaca una protagonizada por el mismísimo Isaac Newton.

Edmond Halley y Newton se conocieron en la década de 1680, cuando Halley, ya un astrónomo respetado, investigaba las órbitas de los cometas. En sus pesquisas, Halley se percató de que las leyes del movimiento planetario formuladas por Johannes Kepler no eran suficientes para explicar completamente las trayectorias de los cuerpos celestes, especialmente las de los cometas, que seguían órbitas muy excéntricas.

En 1684 se celebró una reunión entre Halley y otros científicos, durante la cual se debatió el problema del movimiento planetario. Uno de los presentes propuso un premio —un libro valorado en cuarenta chelines— a quien pudiera deducir la forma de las órbitas planetarias, suponiendo que la fuerza de atracción ejercida por el Sol variara inversamente al cuadrado de la distancia. Fue precisamente esta pregunta la que Halley formuló a Newton cuando lo visitó en Cambridge. La respuesta de Newton fue rápida y concisa: las órbitas eran elípticas. Halley, impresionado, le preguntó cómo lo sabía, a lo que Newton respondió que ya lo había calculado tiempo atrás y que debía tener esos cálculos entre sus papeles. Tras buscar un rato sin éxito, Newton prometió enviarle los documentos, promesa que cumplió meses después mediante un manuscrito con la demostración. Halley no podía creer que ese hombre solitario, ese genio obsesivo, hubiera guardado durante años uno de los mayores descubrimientos sobre el funcionamiento del mundo.

El primer gran éxito de esta teoría se produjo cuando Halley observó el paso de tres cometas en diferentes años y se preguntó si se trataba del mismo cuerpo celeste. Utilizando las leyes de Newton, realizó una predicción y afirmó que, de tratarse de un único cometa, este volvería a pasar por la Tierra en 1758. Aunque Halley no vivió para ver cumplida su predicción, en las Navidades de ese mismo año el cometa hizo su aparición, y desde entonces ha recibido el nombre de cometa Halley.

La última vez que el cometa Halley fue visible desde la Tierra fue en 1986, aunque en esa ocasión no brilló tanto como en otras apariciones, debido a que su acercamiento al Sol fue menor. Se espera que su próxima aparición, en 2061, sea más visible y espectacular.

A medida que transcurre el tiempo, nuestro planeta cambia, la sociedad avanza y la tecnología progresa, lo cual hace cada vez más evidentes las diferencias con nuestros antepasados. Sin embargo, el Universo nos ofrece una oportunidad única para contemplar aquello que innumerables ojos han observado a lo largo de la historia y que, a diferencia de la sociedad, permanece inmutable. Levantar la mirada y observar el cielo nos conecta con quieres nos precedieron; es curioso cómo llamamos fugaces a las estrellas cuando, en realidad, somos nosotros los efímeros.

A estas alturas, no solo comprendes la naturaleza del Sol, sino también el origen mismo de todo nuestro sistema estelar. La formación de nuestra estrella fue el faro que iluminó el nacimiento de nuestro Sistema Solar. Los planetas se unieron en una danza gravitacional, cada uno encontrando su lugar y asumiendo el papel que desempeñaría en esta obra cósmica, donde todos son protagonistas imprescindibles para que el Universo sea como es hoy. En este proceso, la Tierra se situó en una posición perfecta, bañada por la luz y el calor del Sol, a la distancia exacta para permitir la vida sin destruirla.

Es asombroso considerar que, después de tanto tiempo y tanto caos, aquí estamos nosotros, los seres humanos, capaces de reflexionar sobre nuestro origen y lugar en el cosmos, hechos del mismo material que las estrellas que contemplamos cada noche.

Planetas que pensábamos que ya conocíamos

El Sistema Solar es un vasto conjunto de cuerpos celestes que orbitan alrededor del Sol. Está formado por ocho planetas principales, cada uno con características únicas que los hacen fascinantes. Los planetas varían enormemente en tamaño, composición y distancia al Sol, y se dividen en dos grandes categorías: los planetas rocosos, que son pequeños y sólidos, y los planetas gigantes, que son mucho más grandes y están compuestos principalmente por gases (y, en el caso de Urano y Neptuno, también de hielos).

Los planetas más cercanos al Sol —Mercurio, Venus, la Tierra y Marte— tienen superficies rocosas y se formaron a partir de materiales más densos. En cambio, los planetas más alejados —Júpiter, Saturno, Urano y Neptuno— son gigantes gaseosos y helados, con atmósferas espesas y numerosas lunas que orbitan a su alrededor.

Cada uno de estos planetas posee un conjunto de características fascinantes: desde los impresionantes anillos de Saturno hasta las tormentas masivas en Júpiter o la densa atmósfera de Venus. Aunque la Tierra es el único planeta conocido por albergar vida, todos han desempeñado un papel decisivo en la historia del espacio y continúan siendo objeto de estudio para comprender mejor nuestro lugar en el Universo.

Mercurio

El planeta más cercano al Sol y el más pequeño de todos. Es un mundo abrasador: sus temperaturas pueden alcanzar los

430 °C durante el día y descender hasta –180 °C por la noche. Tarda 88 días terrestres en completar una vuelta alrededor del Sol. Su superficie está salpicada de cráteres, testimonio de intensos impactos en el pasado.

Venus

Aunque es muy similar en tamaño y masa a la Tierra, se trata de un mundo infernal, con una atmósfera densa y tóxica compuesta principalmente de dióxido de carbono. Sus nubes están formadas en su mayoría por ácido sulfúrico. Las temperaturas en su superficie superan los 470 °C, suficientes para derretir el plomo, y su presión atmosférica es aplastante, noventa veces superior a la de la Tierra, lo que equivale, aproximadamente, a sumergirse a una profundidad de un kilómetro en el océano. Tarda 224,7 días terrestres en completar una vuelta alrededor del Sol.

Tierra

Nuestro hogar, el único planeta conocido hasta ahora que alberga vida. Su atmósfera, rica en oxígeno, la abundancia de agua líquida y su posición en la zona habitable del Sistema Solar son factores claves para la vida tal y como la conocemos. Casi el 71 % de su superficie está cubierta por agua. Además, posee un satélite natural: la Luna. Actualmente, en la Tierra, viven más de ocho mil millones de personas.

Marte

El cuarto y último de los planetas rocosos del Sistema Solar. Es objeto de gran interés debido a las evidencias de agua líquida en su pasado y la posibilidad de que haya albergado vida microbiana. Su tamaño es prácticamente la mitad del de la Tierra y cuenta con dos pequeños satélites naturales: Fobos y Deimos. Además, es el hogar del volcán más alto, el Monte Olimpo, que supera los 20 kilómetros de altura. Tarda 687 días terrestres en completar una vuelta alrededor del sol. Actualmente, se contempla enviar humanos a Marte en los próximos años.

Júpiter

El planeta más grande del Sistema Solar y el primero de los gigantes gaseosos. Su masa es más del doble que la de todos los demás planetas juntos. Tiene 95 satélites naturales, cifra que sigue en aumento a medida que se descubren más. Entre ellos se encuentra Ganímedes, el satélite más grande del Sistema Solar, incluso mayor que Mercurio. Se cree que una de sus lunas, Europa, podría albergar un océano bajo su superficie helada. Tarda 11,86 años terrestres en completar una vuelta alrededor del sol.

Saturno

Famoso por sus impresionantes anillos, compuestos de hielo y roca, Saturno es el segundo planeta más grande y el que posee mayor número de satélites, con 146 en total. Su luna Titán es especialmente interesante, ya que es probable que albergue un océano de agua líquida bajo su superficie. Saturno tarda 29,45 años terrestres en completar una órbita alrededor del Sol.

Urano

El tercero de los planetas gigantes y el primero de los gigantes helados. Cuenta con 28 satélites y destaca por su singular inclinación: su eje de rotación está tan inclinado que parece que rota sobre su costado. Su atmósfera está compuesta principalmente de hidrógeno y helio, con una pequeña cantidad de metano y trazas de agua y amoníaco. Además, posee un tenue sistema de anillos. Urano tarda 84 años terrestres en completar una órbita alrededor del Sol.

Neptuno

El planeta más alejado del Sol, Neptuno es un gigante de hielo, conocido por sus intensos vientos y su profundo color azul, que se debe a la absorción de metano en su atmósfera. La velocidad de sus vientos puede alcanzar hasta dos mil kilómetros por hora. Cuenta con 16 satélites, siendo Tritón el más grande de ellos. Tarda 164,8 años terrestres en completar una órbita alrededor del Sol.

En resumen...

El número de cuerpos que compone el Sistema Solar es asombroso y se estima en billones si consideramos cada fragmento y pequeño objeto. A continuación, se ofrece una aproximación a esta vasta materia estelar:

- **Planetas.** 8 (Mercurio, Venus, Tierra, Marte, Júpiter, Saturno, Urano y Neptuno).
- **Planetas enanos.** Al menos 5 oficialmente reconocidos (Plutón, Ceres, Haumea, Makemake y Eris), aunque podría haber muchos más en el Cinturón de Kuiper y más allá, posiblemente cientos, si consideramos todos los objetos que cumplen con las características de planeta enano.
- **Asteroides.** Se han catalogado más de un millón en el cinturón de asteroides, pero el número total en esta región y otros puntos del Sistema Solar asciende a millones, con tamaños que varían desde varios kilómetros hasta pocos metros.
- **Cometas.** Se estima que en la Nube de Oort y en el Cinturón de Kuiper podrían haber billones de cometas potenciales. De estos, solo unos 4.000 cometas han sido catalogados al acercarse al Sol.
- **Lunas.** Actualmente se conocen alrededor de 200 lunas orbitando los planetas principales y los planetas enanos, aunque podrían existir más en los límites del Sistema Solar.
- **Otros cuerpos menores y polvo.** En el Cinturón de Kuiper y en la Nube de Oort podría haber cientos de miles de millones de objetos menores, a lo que se suma una cantidad incalculable de meteoritos y polvo cósmico que pueblan todo el Sistema Solar.

Una danza cósmica

Imagina, por un momento, que observas el Universo desde una perspectiva más amplia, alejándote de las preocupaciones cotidianas para ver el movimiento del Sistema Solar y la interacción cósmica en su totalidad. Lo que a simple vista podría parecer un caos de cuerpos y movimientos es, en realidad, una coreografía universal perfectamente orquestada.

El Sistema Solar no solo se formó en armonía, sino que continúa moviéndose al ritmo de esa danza cósmica. Planetas, satélites y cometas, todos nacidos de la misma materia estelar, participan de una coreografía al orbitar el Sol en un delicado y preciso equilibrio. Cada uno de estos cuerpos celestes, con su velocidad y trayectoria únicas, se desplaza por el cosmos, como si formara parte de una partitura musical inaudible para nuestros oídos. Además, todo se mueve y baila a unas velocidades difíciles de imaginar.

Imagina cómo se desplazan. La Tierra, por ejemplo, gira sobre su mismo eje a una velocidad de mil kilómetros por hora. Todos nosotros, incluso mientras dormimos, viajamos a esa velocidad sin notarlo. Pero esta rotación no es igual para todos: las personas que viven en latitudes mediterráneas la experimentan de forma algo más suave, mientras que los habitantes del ecuador se desplazan a 1.667 kilómetros por hora, ya que recorren una distancia mayor en cada giro de la Tierra. Este vértigo constante, que no percibimos, nos convierte en viajeros de una noria invisible, como si estuviéramos atrapados en una espiral cósmica interminable.

Pero nuestro viaje no se limita solo a esta rotación. La Tierra, además de girar sobre su propio eje, orbita alrededor del Sol a una velocidad de nada menos que 107.228 kilómetros por hora. Imagina que, cada año, nuestro planeta recorra una autopista invisible en el espacio, completando una vuelta entera cada 365 días. Esta órbita, lejos de ser un círculo perfecto, es en realidad una elipse, lo que significa que, en ocasiones, estamos un poco más cerca o un poco más lejos del Sol. Sin embargo, aunque esta distancia varíe, es precisamente este baile elíptico lo que regula las estaciones y marca los ciclos de la vida en nuestro planeta.

A su vez, el Sol tampoco permanece estático. Arrastra al Sistema Solar entero mientras se desplaza a una velocidad vertiginosa de 790.000 kilómetros por hora en dirección al centro de la Vía Láctea. Imagina el Sistema Solar como un gran cometa que surca el cielo cósmico, con el Sol al frente y todos los planetas siguiendo en perfecta formación. Este trayecto galáctico, un circuito que el Sistema Solar completa cada 200 millones de años se conoce como el «año cósmico». En este viaje sin fin, el Sistema Solar ya ha recorrido un cuarto de vuelta desde la era de los dinosaurios.

Sin embargo, la Vía Láctea también está en movimiento, desplazándose a unos 900.000 kilómetros por hora hacia el centro del cúmulo ubicado en la constelación de Virgo, donde participa en una danza gravitacional con cientos de miles de otras galaxias. No estamos solos en este viaje: la Vía Láctea se halla unida, mediante un **«telón» gravitacional**, a sus galaxias vecinas, formando una estructura gigantesca conocida como el **Supercúmulo de Virgo**, que agrupa sistemas y cúmulos de galaxias en una compleja red de caminos y trayectorias cósmicas.

Pero nuestra velocidad se incrementa aún más, como si cayéramos por una pendiente cósmica, porque, a su vez, el Supercúmulo de Virgo está siendo arrastrado hacia el **Super-**

cúmulo de Laniakea, una región aún mayor en la que se encuentra el **Gran Atractor**, un punto gravitacionalmente dominante que nos atrae a todos, como si fuésemos partículas en una corriente cósmica. A lo largo de todo este trayecto, el Sistema Solar y sus vecinos se desplazan a una velocidad final de aproximadamente 1.400.000 kilómetros por hora.

Por supuesto, aunque se suele citar una velocidad cercana a este valor para el movimiento hacia el Gran Atractor, es importante señalar que estas cifras dependen del marco de referencia. De todos modos, nos enfrentamos a una velocidad difícil de imaginar. A este ritmo, el Sistema Solar y sus vecinos se mueven como una flecha hacia lo desconocido, quizá en dirección al **Supercúmulo de Acuario**.

No solo giramos, orbitamos y nos desplazamos, sino que lo hacemos en múltiples direcciones a la vez. Mientras la Tierra rota sobre su propio eje y orbita alrededor del Sol, el Sistema Solar, al formar parte de un brazo espiral de la Vía Láctea, avanza y también gira en torno al centro galáctico. Todo este movimiento se produce mientras la galaxia se desplaza hacia el Gran Atractor. Así, cada movimiento individual se integra en movimientos mayores, y esta inmensa orquesta tridimensional continúa su marcha. Esto significa que, en cada momento, viajamos a través de las tres dimensiones del espacio en una coreografía que solo podemos apreciar en su totalidad con la ayuda de la ciencia.

Además, aunque esta velocidad parezca descomunal, sigue siendo ínfima en comparación con la velocidad de la luz, que viaja a más de mil millones de kilómetros por hora. Es fascinante pensar que, a esta escala, somos como una mota de polvo arrastrada por un viento cósmico, moviéndonos a una velocidad que desafía nuestra percepción y comprensión. Durante millones de años, continuaremos participando en esta gran danza cósmica, una coreografía de planetas, estrellas y galaxias que se mueven al compás de un Universo que nunca se detiene.

A su vez, la increíble complejidad del Sistema Solar —la suma de todos los cuerpos que lo componen y la forma en que interactúan en una intrincada danza cósmica— nos revela algo sobre las teorías conspiracionistas y las pseudociencias en general: son sorprendentemente simples y toscas en comparación con la inmensidad de lo que intentan explicar o codificar. La astrología, por ejemplo, reduce el vasto Universo a una idea limitada: que unos pocos cuerpos celestes influyen en la personalidad y el destino humano. Sin embargo, el Sistema Solar y el cosmos son mucho más que una serie de influencias fijas. Como hemos visto, en realidad, estamos inmersos en una gigantesca danza cósmica que se desplaza a velocidades extraordinarias.

Las pseudociencias

La astrología ignora esta complejidad y se centra únicamente en la posición de unos pocos planetas y constelaciones, tratándolos como si fueran piezas separadas y fijas. No tiene en cuenta que estos cuerpos celestes forman parte de un sistema gigantesco que está en constante movimiento, que obedece a leyes físicas operando a una escala superior a cualquier influencia sobre la vida humana. Las verdaderas fuerzas de estos cuerpos, como la gravedad o la luz, se pueden medir y comprender, pero no guardan relación con las afirmaciones astrológicas, las cuales asignan significados personales sin ningún sustento científico. Por ello, la astrología fue finalmente superada por la astronomía, que, en lugar de atribuir significados místicos a los astros, comenzó a estudiarlos de forma científica y detallada, aportando un conocimiento real del Universo. Fue un proceso similar al de la alquimia, que, aunque inspiradora en su búsqueda, fue reemplazada por la química, disciplina capaz de explicar de forma precisa la estructura y el comportamiento de la materia.

Así, la astrología no se considera una ciencia porque no se basa en pruebas verificables ni en métodos que permitan comprobar si sus afirmaciones son verdaderas o falsas. A diferencia de la ciencia, que observa, experimenta y repite resultados para llegar a conclusiones, la astrología depende de interpretaciones simbólicas y de conexiones sin fundamentos claros entre los movimientos de planetas y estrellas y la personalidad o el destino de las personas. Las investigaciones que han intentado demostrar que los signos astrológicos influyen en los rasgos de carácter no han encontrado evidencia sólida. Por ello, la astrología se sitúa en el terreno de la creencia personal y no en el de la ciencia.

Uno de los factores que hace que la astrología parezca acertada es el **efecto Forer,** un fenómeno psicológico que explica por qué tendemos a sentir que las descripciones vagas de los horóscopos son específicas para nosotros. Las afirmaciones de los horóscopos son lo suficientemente generales como para que cualquiera pueda adaptarlas a su vida y sentir que reflejan su experiencia. Esto crea una ilusión de precisión y hace que muchas personas confíen en la astrología, aunque no exista evidencia científica que respalde sus predicciones y análisis.

Por ello, la astrología sigue siendo atractiva, no porque sea precisa, sino porque nuestro propio sesgo nos hace verla como algo personal y único, pese a que no se base en el método científico. Además, al reducir la enorme complejidad del Universo a una serie de «influencias» místicas, simplifica de manera excesiva y superficial un Sistema Solar que es mucho más asombroso. Al igual que las teorías conspirativas, la astrología falla al capturar la maravilla del Universo, que, en su tamaño, precisión y constante movimiento, es mucho más impactante de lo que ningún ser humano hubiera imaginado a lo largo de la historia. La astronomía y la ciencia, en cambio, nos muestran un Universo tan impresionante en su complejidad y belleza que apenas hemos comenzado a comprenderlo.

3
LAS ESTRELLAS VECINAS

Al abandonar los confines del Sistema Solar, nos adentramos en el vasto espacio interestelar, una región de oscuridad casi absoluta en la que las distancias superan cualquier escala humana. En este entorno, el brillo familiar del Sol se reduce a un mero punto de luz. Es en este reino donde se encuentran dispersas las partículas de gas y polvo interestelar y donde comienza el viaje hacia otras estrellas, nuestros verdaderos vecinos cósmicos: enormes hornos nucleares, colosales esferas de plasma, cada una con su propia historia, sistemas planetarios y potenciales secretos por descubrir. Pero... ¿a qué nos referimos exactamente cuando hablamos de «estrellas vecinas»?

«¿Estrellas? Las estrellas no existen»

En pleno 2024, cuando escribo estas líneas, aún hay quienes aseguran que las estrellas no existen. Esas ideas, a menudo ligadas al terraplanismo o al negacionismo astronómico, han ganado terreno en ciertos foros y en las redes sociales. Entre sus teorías destaca la creencia de que las estrellas son proyecciones artificiales en una supuesta cúpula que cubre la Tierra, diseñada por entidades superiores o por una élite tecnológica. Alegan, por ejemplo, que el parpadeo de las estrellas demuestra que se trata de luces artificiales, o que las enormes distancias a las que se encuentran son cifras inventadas para evitar su verificación. Otros sostienen que se trata de reflejos de luces terrestres distorsionados por la atmósfera, o incluso ilusiones creadas en una realidad simulada. Para algunos, las estrellas forman parte de un fraude global en el que científicos y gobiernos fabrican imágenes espaciales para justificar un engaño colectivo. Estas narrativas no solo carecen de base científica, sino que además desestiman siglos de observación astronómica acumulada. Aun así, ¿cómo llegó la ciencia a concluir que esos puntos de luz que vemos en el cielo son, efectivamente, estrellas como nuestro Sol?

El cielo nocturno siempre ha sido fuente de asombro, de preguntas y, por supuesto, de teorías extravagantes. Para muchas civilizaciones antiguas, esos puntos de luz parecían pequeñas luminarias colgadas en una cúpula que cubría nuestro mundo. En la antigua Mesopotamia, por ejemplo, se creía que las estrellas eran tropas del dios Marduk, un ejército celestial que marcaba el paso de los días y velaba por la humanidad desde las alturas. Los griegos, por su parte, imaginaron constelaciones como figuras mitológicas: la Osa Mayor y Orión, por ejemplo, representaban héroes y criaturas legendarias.

Hoy, sin embargo, sabemos que esos puntos brillantes en el cielo son mucho más que simples luminarias: son estrellas, como nuestro Sol, y muchas de ellas están tan distantes que su luz tarda miles de años en alcanzarnos. Por ejemplo, la estrella **Betelgeuse**, situada en la constelación de Orión, se encuentra a unos 642 años luz de distancia; la luz que percibimos hoy salió de ella en la Edad Media, aproximadamente en el año 1380. Algunas de las estrellas que vemos en la Vía Láctea se hallan a decenas de miles de años luz de distancia, y cuando miramos hacia galaxias cercanas, como Andrómeda, observamos luz emitida hace más de 2,5 millones de años, un lapso de tiempo tan extenso que los humanos modernos (*Homo sapiens*) aún no existían.

Pero ¿cuándo dejamos atrás las teorías extravagantes y los mitos para explicar el cielo? ¿En qué momento surgió un auténtico afán por comprender de verdad cómo funcionaba el Universo? El interés sistemático por entender el cosmos llegó con la Revolución Científica en Europa, durante los siglos XVI y XVII. Primero, debemos remontarnos hasta el Renacimiento. Esta época marcó un florecimiento de ideas y conocimientos que puso en tela de juicio las creencias tradicionales, incluida la visión geocéntrica del Universo.

En el siglo XVI, Nicolás Copérnico propuso un modelo revolucionario: la Tierra ya no ocupaba el centro del cosmos, sino que orbitaba alrededor del Sol. Esta idea transformó nuestra perspectiva, pues implicaba que no todo giraba en torno a nosotros. Para Copérnico, las estrellas formaban una esfera exterior fija, de modo que no era necesario que ese «domo» girara alrededor de la Tierra, ya que era la propia Tierra la que se movía. Aunque Copérnico no llegó a explicar la naturaleza de las estrellas ni a calcular sus verdaderas distancias, su teoría sentó las bases para un cambio fundamental: empezamos a concebir el cielo no como una estructura sólida que nos rodea, sino como un vasto espacio en el que los objetos se hallan a distancias variadas.

Galileo Galilei fue el primero en dirigir un telescopio hacia el cielo, y lo que descubrió fue asombroso. Observó que la Luna no era una esfera perfecta, sino que presentaba montañas y cráteres, lo que representó otro cambio radical al desafiar la idea de un cielo divino e inmaculado. Al observar Júpiter, descubrió que tenía lunas propias, pequeños cuerpos que orbitaban a su alrededor. Este hallazgo fue un golpe directo a la concepción de un cosmos centrado exclusivamente en la Tierra, pues demostraba que los planetas podían tener sistemas independientes.

Quizá lo más intrigante ocurrió cuando Galileo observó las estrellas con su telescopio. Mientras que los planetas aparecían como esferas, las estrellas seguían siendo puntos de luz sin forma definida, lo que indicaba que estaban mucho más lejos de lo que nadie había imaginado. Galileo estaba descubriendo la posibilidad de un Universo vasto y profundo, en el que esos puntos luminosos en el cielo no eran simples luces adheridas a un domo, sino cuerpos ubicados a distancias inimaginablemente grandes.

Pero en este punto nos surge una pregunta. ¿no podrían esas luces en el cielo ser luminarias fijas incrustadas en un domo, solo que más complejas de lo que pensábamos? Esta teoría no se sostiene cuando se analiza el fenómeno de paralaje estelar.

El **paralaje estelar** es un desplazamiento aparente de la posición de las estrellas cuando se observa desde diferentes puntos a lo largo de la órbita de la Tierra alrededor del Sol. Este efecto se percibe únicamente en las estrellas más cercanas y se debe a que, al observarlas desde posiciones opuestas en la órbita terrestre (por ejemplo, en enero y en julio), nuestro punto de vista cambia lo suficiente como para ver un ligero «desplazamiento» de las estrellas próximas en relación con las más distantes, que parecen inmóviles.

Si las estrellas fueran simplemente luces fijas incrustadas en un domo, la distancia entre nosotros y cada una de ellas sería constante durante todo el año, y no se observaría ningún tipo de paralaje. Es otras palabras, no notaríamos ese cambio relativo en las posiciones de las estrellas cercanas respecto a las más lejanas, ya que, en un domo, todos los puntos luminosos estarían a una distancia fija e inmutable. La existencia del paralaje, sin embargo, indica que las estrellas se distribuyen a distintas distancias en un espacio tridimensional profundo, algo completamente incompatible con la idea de un cielo estático o de una esfera cerrada.

El primer paso para desentrañar la naturaleza de las estrellas fue comprender la luz misma. En 1666, Isaac Newton descubrió que la luz blanca se descomponía en un espectro de colores al pasar a través de un prisma. Este hallazgo, sin duda, fue crucial, pues reveló que la luz ocultaba una variedad de colores, cada uno correspondiente a una longitud de onda específica. A partir de este descubrimiento, los científicos comenzaron a sospechar que, analizando la luz de los objetos celestes, podrían obtener información sobre su composición y naturaleza. Más tarde, el científico alemán Joseph von Fraunhofer, pionero en el estudio de los espectros de la luz solar, identificó unas líneas oscuras en el espectro que él mismo denominó «líneas de Fraunhofer». Estas líneas resultaron ser fundamentales para desvelar la composición química de las estrellas. Aunque Fraunhofer aun no sabía a qué correspondían exactamente, su trabajo sentó las bases para el desarrollo de la espectroscopía, un método esencial para estudiar los cuerpos celestes y su estructura.

En la década de 1850 se produjo un avance cuando los científicos Gustav Kirchhoff y Robert Bunsen comenzaron a experimentar con la espectroscopía. Descubrieron que cada elemento químico produce un patrón único de líneas características, visibles o no, que funciona como una huella digital para identificar los elementos químicos de absorción y emisión en el espectro visible. De este modo, pudieron interpretar correctamente aquellas líneas oscuras que Fraunhofer había detectado en el espectro solar: ¡eran evidencia de elementos químicos específicos! Gracias a este descubrimiento, Kirchhoff y Bunsen abrieron la puerta a un método directo para estudiar la composición de las estrellas que permitía a los astrónomos analizar la luz y descifrar los elementos que las componen.

Uno de estos astrónomos fue William Huggins, que se dedicó al estudio de los espectros de estrellas y nebulosas. Los espectros de las estrellas eran tan débiles que solo se podían agrupar en distintos tipos, con la esperanza de que cada uno correspondiera a una clase específica de estrella. Sin embargo, Huggins no se conformó con esta limitación. Decidido a obtener un análisis más preciso, perfeccionó sus instrumentos y, gracias a su meticuloso método, no solo se pudo determinar la composición química de las estrellas, sino también obtener otros parámetros físicos, como su densidad y temperatura.

Con estos avances, nos acercábamos cada vez más a desvelar la verdadera naturaleza de esos puntos de luz que adornan el cielo. En 1863, Huggins publicó las primeras observaciones espectroscópicas de estrellas y demostró que están compuestas de los mismos elementos presentes en el Sol y la Tierra. Este hallazgo marcó un hito en la astronomía, al conectar los cielos con el mundo terrenal de una forma nunca antes imaginada.

Después de varios siglos de trabajo por parte de numerosos científicos, de ideas revolucionarias, teorías y experimentos rigurosos, se llegó a una verdad sorprendente: esos puntos brillantes que parecían decorar el cielo no eran luminarias incrustadas en un domo celestial, sino otros soles, similares al nuestro, pero ubicados a distancias inimaginables y con características únicas; distintos tamaños, temperaturas... En definitiva, eran estrellas, al igual que nuestro Sol.

Cuando hablo de distancias inimaginables, lo digo casi en sentido literal. Para nosotros, los humanos, no es fácil lidiar con las escalas del cosmos. Y no me refiero solo a la imposibilidad actual de viajar hacia otras estrellas con nuestra tecnología, sino también a la dificultad de concebir esas vastas separaciones en nuestra mente.

Si queremos comprender realmente las enormes distancias que nos separan de otras estrellas, primero debemos elegir una. La elección es crucial, ya que todas están increíblemente lejos, pero al menos podemos empezar con la más cercana para que la tarea no resulte aún más abrumadora. Por lo tanto, lo más lógico es optar por la estrella más próxima.

De nuevo, distancias

No te hagas demasiadas ilusiones con el término «cercana». En este caso, se dice que una estrella es «cercana» únicamente porque está más próxima que las demás, pero ya te darás cuenta de que, incluso siendo la más próxima, su distancia está lejos de ser algo accesible o siquiera fácil de imaginar.

Antes de recrear estas inmensas distancias, primero hay que salir del Sistema Solar. Para aventurarnos por el espacio interestelar en busca de otras estrellas, es necesario abandonar nuestra **vecindad cósmica** y viajar a otro sistema estelar. Además, no debemos subestimar el tamaño de nuestro propio Sistema Solar, que, aunque familiar, es igualmente inmenso.

Salir del Sistema Solar no es, ni de lejos, una tarea sencilla. Antes de abordar este tema, quiero que comprendas la magnitud del desafío que enfrentamos. Una vez más, las distancias astronómicas y las limitaciones de la tecnología de propulsión tienen un papel crucial en esta dificultad. Para ponerlo en perspectiva, mientras lees estas líneas la **Voyager 1**, nuestra nave más lejana, se desplaza a una velocidad aproximada de 61.000 km/h respecto al Sol, mientras que la **Voyager 2** viaja a unos 55.000 km/h. Estas cifras, ya impresionantes por sí solas, están sujetas a constantes variaciones debido a las influencias gravitatorias de los cuerpos celestes.

Pero, antes de seguir, ¿qué son las míticas Voyager 1 y 2? Han pasado 47 años desde el lanzamiento de estas sondas: la Voyager 1 fue lanzada el 5 de septiembre de 1977 y la Voyager 2, el 20 de agosto del mismo año. Entonces, ¿cuánto tiempo tardaron en salir del Sistema Solar? ¿Realmente tiene un final definido este sistema? ¿Dónde termina? Estas preguntas son cruciales para comprender qué es el espacio interestelar en el que se encuentran las sondas.

Si partimos desde el Sol y nos alejamos en cualquier dirección, nos encontraremos con diferentes regiones a lo largo del camino. Primero cruzaríamos el cinturón de asteroides y, más adelante, el **Cinturón de Kuiper**. Durante ese viaje, podrías encontrarte con un planeta... o tal vez no. De hecho, es mucho más probable que no te topes con ninguno. Imagina que colocas varios balones dispersos en un campo de fútbol para representar los planetas del Sistema Solar, y una hormiga simboliza la nave. La probabilidad de que la hormiga choque con uno de los balones sería bastante baja, pero no imposible. Esto ilustra lo inmenso que es el espacio entre los planetas. Sin embargo, quizá tengas la suerte de cruzarte con tu planeta favorito. Es un poco como jugar a la lotería: las probabilidades de ganar son ínfimas, pero siempre hay ganadores.

Si continuamos alejándonos, le vamos a decir adiós a la **heliosfera**, esa burbuja de partículas cargadas emitidas por el Sol que delimita la región de influencia del Sistema Solar. Más allá de la heliosfera y tras un largo recorrido, cruzaríamos la llamada **Nube de Oort**, un vasto y teórico cúmulo de cuerpos helados que marca el límite exterior de nuestro sistema.

¿Y si seguimos aún más? Llegaría un momento en el que finalmente entraríamos en otro sistema estelar. Pero esto plantea una pregunta clave: ¿en qué punto se considera que hemos abandonado realmente el Sistema Solar? No se sabe con precisión qué punto exacto define si estás dentro o fuera de él, aunque uno de los criterios más aceptados es la **heliopausa**, la región en la que termina la heliosfera. Es en esta zona donde se encuentran las sondas Voyager 1 y 2; de hecho, la Voyager 1 es el primer objeto construido por humanos en alcanzar el espacio interestelar.

Para que te hagas una idea de lo que significa esta distancia y de dónde se encuentra la sonda, planteemos la siguiente situación. Imagina que nuestro planeta es del tamaño de la punta de un bolígrafo, una diminuta esfera azul, posada en dicha punta. Ahora, toma ese bolígrafo y llévalo a un campo de fútbol (sí, otro campo de fútbol, que se note que soy futbolero...). Y, para añadir algo de épica, imagina que el campo es el nuevo Santiago Bernabéu, el estadio del Real Madrid. Coloca el bolígrafo en vertical, representando a la Tierra, justo en la línea de la portería. ¿Lo tienes visualizado? Perfecto. Antes de continuar, piensa: ¿a qué distancia crees que estaría la Voyager 1 a esa escala?

Quizá tu respuesta se haya quedado corta. En esta escala, con la Tierra reducida al tamaño de la punta de un bolígrafo, la Voyager 1 estaría a una distancia equivalente a diecisiete o dieciocho campos de fútbol. Al llegar al último de esos campos, ahí se encontraría la sonda. Con esto, espero que empieces a ser consciente de las distancias colosales del cosmos. Y eso es solo hablando de nuestro Sistema Solar. Ahora prepárate, porque estamos a punto de salir de él...

Si seguimos la inercia de la Voyager 1, pasaremos mucho tiempo en ese vasto espacio interestelar, y durante un largo tramo parecerá que no hay nada más allá. Estaríamos rodeados de un espacio oscuro y vacío, con un telón de fondo de estrellas que nos envuelve. Por más que tratemos de concentrarnos en alguna de ellas, no percibiremos movimiento; todo parecerá fijo, inmóvil, como parte de ese telón cósmico. De hecho, podría resultar algo inquietante. Acostumbrados a las imágenes coloridas del cosmos, solemos esperar que, al abandonar la Tierra y el Sistema Solar, nos reciban nebulosas de colores vibrantes y un sinfín de belleza cósmica. Pero la realidad es que, una vez más, debemos recordar las enormes distancias y el inmenso tamaño del Universo. Un paseo a la velocidad a la que viaja la Voyager 1, aunque nos parezca increíblemente rápido, es apenas una ilusión de inmovilidad cuando lo observamos desde una escala mayor. Lo que verás será oscuridad y estrellas a lo lejos, tan distantes como las que contemplamos en una noche despejada desde la Tierra, con la única diferencia de que, en este caso, se apreciarían muchas más. En cuanto a distancia, prácticamente no habría diferencia.

Próxima Centauri

Sin embargo, si modificáramos un poco las propiedades de la Voyager 1 y la hiciéramos mucho más rápida, quizá notaríamos que nos acercamos a una estrella. Eso sí, solo a una estrella. ¿Ya te imaginas cuál? Como mencionamos antes, la más cercana: Próxima Centauri. Esta estrella forma parte de un sistema estelar triple, junto a Alfa Centauri A y Alfa Centauri B, siendo este el sistema más próximo al nuestro.

De estas tres estrellas, Próxima Centauri es la que se encuentra más cerca de nosotros, a una distancia de **4,2 años luz**. En este libro usamos el año luz como una de las unidades más comunes para medir las distancias en el espacio. Pero ¿qué es realmente un año luz? Es la distancia que la luz recorre en un año terrestre. Para que te hagas una idea, un año luz equivale aproximadamente a nueve billones de kilómetros, es decir, un nueve seguido de doce ceros ¿Y cuál es la velocidad de la luz? Es la velocidad máxima del Universo: nada la supera, ya que viaja a 300.000 kilómetros por segundo en el vacío. Aunque esta cifra es asombrosa para nosotros, al compararla con la vastedad del cosmos, comienza a parecer menos impresionante.

Recordemos también que nuestro Sol —la estrella que tenemos más cerca— se encuentra a 150 millones de kilómetros de distancia, lo que significa que su luz tarda 8,3 minutos en llegar hasta la Tierra. Por ello, siempre estamos viendo al Sol como era 8,3 minutos atrás. Si el Sol desapareciera ahora mismo, podrías seguir tumbado en la playa, disfrutando del día sin darte cuenta hasta pasados los 8,3 minutos. La siguiente estrella más cercana, como ya sabes, está a 4,2 años luz; es decir, cuando la observamos, la vemos tal y como era hace 4,2 años.

Ahora imagina todas las estrellas que se extienden en el cielo. Muchas de ellas están a miles de años luz de distancia. No necesitamos una máquina del tiempo compleja para viajar al pasado; basta con levantar la vista al cielo nocturno. Lo realmente fascinante es pensar que, quizá, en algún planeta orbitando alguna de estas estrellas, existan otros seres curiosos que también alzan la mirada para contemplar el firmamento. Y entre esas estrellas, una podría ser la nuestra, el Sol. Si esos seres se encontraran en un planeta situado a unos 4.500 años luz de nosotros y contaran con un telescopio extremadamente potente capaz de observar la Tierra con detalle, probablemente no verían a una persona actual, sino a los antiguos egipcios en plena construcción de las famosas pirámides.

Como ves, aunque la luz sea lo más veloz del cosmos, las distancias resultan abrumadoramente enormes. Volvamos a Próxima Centauri, la estrella más cercana después del Sol. ¿No debería estar cerca? Imaginemos que el ser humano quisiera emprender un viaje hacia ella. Para poner en perspectiva esta distancia con nuestra tecnología, recordemos que la sonda Voyager 1 viaja a unos **61.000 kilómetros por hora**. Si tuviéramos una nave con la misma velocidad constante que la Voyager 1 y la enviáramos rumbo a Próxima Centauri —un viaje que, por sí mismo, carecería de sentido práctico para el ser humano—, tardaríamos aproximadamente unos 75.000 años en llegar, y eso sin contar el tiempo necesario para desacelerar al aproximarnos.

Este tipo de viajes resulta, con la tecnología actual, completamente inviable para nosotros. Sin embargo, lo verdaderamente sorprendente es que esto solo se aplica a la estrella más cercana. Por ello, ya se están explorando nuevas ideas para alcanzar otras estrellas. Una de estas propuestas consiste en enviar sondas en lugar de tripulaciones humanas, ya que un ser humano no podría soportar un viaje tan prolongado. Además, las sondas o naves miniaturizadas requieren muchísima menos energía para ser aceleradas. Por ejemplo, se ha hablado de la iniciativa **Breakthrough Starshot**, que contempla el envío de nanosondas de tan solo un gramo de peso para explorar este sistema estelar. Estas nanosondas, impulsadas por un haz láser, serían extremadamente ligeras y, aunque frágiles, estarían diseñadas para recopilar información básica. Al ser tan pequeñas, estas sondas podrían impulsarse mediante un haz de luz láser capaz de acelerarlas al 20 % de la velocidad de la luz (aproximadamente 60.000 kilómetros por segundo). Alcanzar tales velocidades sería prácticamente imposible para una nave de mayor tamaño con la tecnología actual, y ello implica enormes desafíos tecnológicos, incluida la generación de un haz láser lo suficientemente potente y controlado. Con esta tecnología, se podría llegar al sistema de **Alfa Centauri** en unos veinte años; aunque aún serían muchos años, la reducción en el tiempo de viaje sería significativa. Si estas sondas logran alcanzar su destino, toda la información y las posibles imágenes que obtengan se enviaría a la Tierra para su estudio, y, dado que nada puede superar la velocidad de la luz, habría que esperar otros veinte años para recibir esos datos y estudiarlos.

Sin necesidad de emprender un viaje eterno hacia esta estrella, ya hemos logrado conocer muchas cosas sobre ella. Próxima Centauri es una enana roja, es decir, una estrella de clase más pequeña y fría que nuestro Sol, que es una enana amarilla. De hecho, la gran mayoría de las estrellas en el Universo son enanas rojas, representando aproximadamente el 75-80 % de todas las estrellas de la Vía Láctea. A pesar de su modesto tamaño y relativa cercanía, Próxima Centauri ha captado la atención de los astrónomos por un motivo muy especial: en 2016 se descubrió un planeta orbitando alrededor de ella, conocido ahora como **Próxima b**. Este exoplaneta, ligeramente más masivo que la Tierra, se encuentra en la zona habitable de su estrella, lo que significa que podría existir agua líquida en su superficie, una condición esencial para la vida tal como la conocemos. Pero, antes de nada, ¿qué es un **exoplaneta**? Llamamos exoplanetas a cualquier planeta que orbita una estrella distinta al Sol. Así, Próxima b es el exoplaneta más cercano que hemos descubierto hasta ahora gracias a la tecnología actual.

Al mirar hacia las estrellas vecinas y confirmar la existencia de miles de exoplanetas, es como si abriéramos una biblioteca cósmica infinita. Cada página que leemos revela no solo nuevas historias y desvela estanterías ocultas llenas de misterios por explorar. Es natural que surjan más preguntas que respuestas; cada nueva interrogante abre una puerta hacia el conocimiento. Cuanto más aprendemos, más se expande nuestra comprensión del Universo, y a su vez aparecen nuevas incógnitas que nos invitan a seguir explorando lo desconocido. Por ejemplo, ¿cómo hemos logrado detectar más de 5.000 exoplanetas? ¿Cómo es posible conocer las características de estos mundos tan distantes? ¿Existen planetas parecidos a la Tierra? ¿Habrá otros mundos habitables, quizá incluso con civilizaciones inteligentes? En realidad, lo primero que debemos preguntarnos es: ¿cómo imaginaron nuestros antepasados la existencia de otros mundos más allá del nuestro?

4
OTROS MUNDOS HABITABLES

En el corazón de la Europa renacentista, cuando las artes, las ciencias y la filosofía empezaban a liberarse de siglos de oscuridad, apareció un hombre cuya visión del cosmos superaba los límites imaginados por sus contemporáneos. Hablo de Giordano Bruno, un pensador nacido en 1548 en Nola, un pequeño pueblo bajo la sombra del Vesubio, en el Reino de Nápoles, cuya contribución —especialmente en lo relativo a la idea de los exoplanetas— fue fundamental para la cosmología de su época y las posteriores. Desde joven, Bruno mostró una curiosidad insaciable y un espíritu inquieto, características que, aunque lo impulsaron a grandes alturas intelectuales, también lo llevaron a la tragedia.

Mucho más allá del heliocentrismo

Bruno ingresó en un monasterio dominico a los quince años, donde adoptó el hábito religioso y el nombre de Giordano.

Sin embargo, su estancia allí estuvo lejos de ser tranquila. Mientras otros monjes se conformaban con copiar manuscritos y repetir oraciones, Bruno devoraba textos prohibidos y debatía ideas peligrosas. Entre esos escritos se encontraban las obras de Nicolás Copérnico, cuya audaz propuesta de un sistema heliocéntrico cuestionaba siglos de creencias geocéntricas. Pero para Bruno, el modelo de Copérnico era solo el comienzo. Si el Sol no era el centro absoluto del Universo, ¿por qué no imaginar que existían otros soles, cada uno rodeado de sus propios planetas, quizá incluso habitados por seres desconocidos?

Aquella fue solo una de las ideas heréticas que Bruno sostuvo en una época en la que contradecir a la Iglesia era extremadamente peligroso. Tanto es así que, finalmente, su osadía acabó en el paredón de la Inquisición. Durante su juicio, Bruno se enfrentó a sus acusadores con valentía, y se negó a retractarse de sus creencias. En 1600 fue declarado culpable de herejía y quemado en la hoguera en Campo de' Fiori, en Roma.

A pesar de su trágico final, las ideas de Bruno sobrevivieron y hoy son consideradas fundamentales para desentrañar los secretos del cosmos. Su concepción del Universo iba mucho más allá del heliocentrismo, expandiéndose hacia una visión radicalmente amplia. La idea que no dejaba de sonar en su cabeza era que las estrellas eran soles distantes, cada una con su propio sistema de planetas, y que el Universo era infinito, sin un centro único. Hoy esta visión nos parece natural, pero en su época supuso una revolución absoluta.

La propuesta de Giordano Bruno rompía con las creencias establecidas. En aquel entonces, las estrellas se consideraban meros puntos luminosos en el cielo, sin relación alguna con el Sistema Solar más allá de la belleza visual. Bruno, sin embargo, era un curioso por naturaleza, uno de esos que intuyen que la realidad es mucho más vasta de lo que parece, y propuso que aquellas luces podían ser similares al Sol, con mundos propios orbitando a su alrededor.

Si comparamos las ideas predominantes de la época con las de Bruno, nos damos cuenta de que las conclusiones de este incorporaban un componente de los más humilde. Su visión, que no fue aceptada entonces, planteaba algo fundamental: no somos los protagonistas absolutos de la historia del cosmos, sino apenas una pequeñísima parte de un todo infinitamente mayor.

La obra *Sobre el infinito, el universo y los mundos*, publicada en 1584, es un testimonio de sus ideas innovadoras. En ella, Bruno sostenía que el Universo era infinitamente grande y estaba lleno de mundos innumerables. Estas afirmaciones desafiaban directamente la visión de un cosmos finito y geocéntrico defendido por la Iglesia católica en aquella época. Además, argumentaba que la materia se distribuía en un cosmos interminable y que no había razón alguna para que la vida solo existiera en la Tierra. ¿No te resulta asombroso que, ya en 1584, una persona reflexionara sobre estas ideas? Su enfoque no solo desafió las creencias religiosas de entonces, sino que también propuso una visión cosmológica que, siglos más tarde, se alinearía sorprendentemente con las teorías modernas sobre la posibilidad de vida en otros planetas.

Sin contar con las herramientas para detectar exoplanetas ni con la tecnología avanzada de hoy, la intuición de Bruno sobre la existencia de otros mundos habitables anticipó descubrimientos que los astrónomos modernos han logrado con telescopios de última generación. Giordano Bruno también se atrevió a sugerir que algunos de esos mundos podrían albergar vida, tal como ocurre en la Tierra. Esta visión de un Universo poblado de otros mundos potencialmente habitados fue revolucionaria, pero extremadamente controvertida para su tiempo, lo que le costó la persecución por parte de la autoridad eclesiástica.

Su historia tuvo un desenlace trágico: en 1600, tras años de conflicto con la Inquisición y la persecución por sus teorías consideradas heréticas, Giordano Bruno fue ejecutado en la hoguera. Sin embargo, sus ideas, lejos de extinguirse, encendieron la llama de una nueva forma de pensar el Universo. Es increíble pensar cómo una visión tan diferente y adelantada a su tiempo, aunque especulativa, pudo llevarle a una condena tan brutal. La idea de un cosmos infinito y lleno de mundos se convirtió en un pilar fundamental en la exploración del Universo, y, siglos después, los avances tecnológicos modernos han permitido confirmar parte de esa revolucionaria visión.

«¿Cómo van a existir infinitos mundos?»

En los últimos años, uno de los grandes objetivos de la astronomía ha sido entender mejor la Vía Láctea, nuestra galaxia. En este esfuerzo, la búsqueda de exoplanetas se erige como una tarea esencial. Hasta la fecha se han detectado más de 5.000 exoplanetas, además de otros catalogados como «candidatos», es decir, planetas que aún no han sido confirmados o que resultan ser falsos positivos.

Es normal preguntarse cómo han podido detectar tantos exoplanetas, considerando las inmensas distancias del Universo. El proceso se asemeja a distinguir un susurro en medio de una tormenta: se captan señales ínfimas y, a partir de esos pequeños indicios, se infiere la existencia de mundos que jamás hemos observado directamente. La detección de exoplanetas constituye un desafío monumental, ya que estos cuerpos son considerablemente más pequeños que las estrellas y, a diferencia de estas, no emiten luz propia. Esto dificulta su observación directa, incluso con los telescopios más potentes. Además, dado que los exoplanetas orbitan estrellas —que no solo son mucho más grandes, sino que también irradian una luz intensa—, su detección se complica aún más, como intentar ver una mota de polvo frente a una bombilla encendida.

Aun así, es posible aprovechar esa misma luz y utilizar diversas técnicas para identificarlos. La técnica más popular y eficaz es el método de tránsito, que consiste en observar una estrella y detectar cuándo uno de los planetas que la orbitan pasa por delante de ella. Durante este tránsito, el planeta bloquea una fracción de la luz de la estrella y provoca una leve disminución en su brillo que puede medirse con instrumentos precisos. En otras palabras, si observamos una caída de manera periódica en el brillo de una estrella, ello nos indica la presencia de un objeto en órbita. Asimismo, el grado de atenuación de la luz permite estimar el tamaño del planeta y, en algunos casos, su masa e incluso la distancia entre el planeta y su estrella.

Para ilustrar este fenómeno, piensa en un planeta similar a Júpiter, situado a la misma distancia a la que Júpiter se halla del Sol. Durante su tránsito, eso es, al pasar frente al Sol, bloquearía aproximadamente el 1 % de la luz solar, según podría detectar un observador externo. Además del método de tránsito, se emplean otras técnicas complementarias para la búsqueda y estudio de estos mundos, lo que nos permite explorar cada vez más este vasto catálogo de exoplanetas.

Los primeros exoplanetas descubiertos

La primera observación de un planeta fuera de nuestro Sistema Solar se realizó en 1992, cuando los astrofísicos **Aleksander Wolszczan** y **Dale Frail** identificaron, no uno, sino dos exoplanetas. Sin embargo, estos cuerpos no orbitaban una estrella común, sino un pulsar, concretamente el **pulsar de milisegundo PSR B1257+12**.

¿Qué es un pulsar? Se trata de una estrella de neutrones que rota a gran velocidad y posee un intenso campo magnético. Estas estrellas, con una densidad de 4×10^{17} kg/m^3, emiten pulsos de radiación en forma de haces que, debido a la rápida rotación y a la orientación de sus ejes magnéticos, se perciben de forma regular. Si estos haces quedan alineados con nuestro planeta, parecen proyectar pulsos de radiación electromagnética intermitente, que pueden detectarse en longitudes de onda de radio, rayos X o incluso rayos gamma. ¿Y qué es eso de un «pulsar de milisegundo»? Se trata de un pulsar con un periodo de rotación inferior a unos 10 milisegundos. Esto quiere decir que gira unas 161 veces por segundo. Cabe destacar que, aunque todos los pulsares son estrellas de neutrones, no todas las estrellas de neutrones se manifiestan como pulsares. Recordemos que una estrella de neutrones es el remanente de una estrella muy masiva (con más de ocho veces la masa del Sol) que, al agotar su combustible, colapsa bajo su propia gravedad.

El primer pulsar lo descubrió en 1967 Jocelyn Bell Burnell, una joven astrónoma y estudiante de doctorado en la Universidad de Cambridge. Mientras analizaba los datos de un radiotelescopio, detectó señales extremadamente regulares, un fenómeno nunca antes observado. Estos pulsos, separados por intervalos exactos de tiempo, desconcertaron a la comunidad científica. Durante las primeras semanas, algunos astrónomos especularon con la posibilidad de que estas señales provinieran de una civilización extraterrestre, debido a su precisión casi perfecta. En tono humorístico, se les llamó LGM por las siglas en inglés de *Little Green Men*, es decir, «hombrecillos verdes». Sin embargo, con observaciones posteriores, quedó claro que dichos pulsos regulares eran generados por un tipo particular de estrella de neutrones en rápida rotación.

Lo asombroso de estos objetos es su densidad. Una estrella de neutrones puede contener más masa que el Sol en una esfera de apenas 10 a 15 km de diámetro, aproximadamente el tamaño de una ciudad como París. Para ilustrar esta densidad, imagina un terrón de azúcar hecho del mismo material que una estrella de neutrones: pesaría tanto como la totalidad de la población terrestre. Ahora piensa en el descubrimiento de exoplanetas orbitando una estrella tan densa.

En 1995 se produjo el hallazgo que marcaría un antes y un después: el **exoplaneta 51 Pegasi b**, ahora conocido como Dimidio. Se trataba de un gigante gaseoso similar a Júpiter, que orbita una estrella similar al Sol. El descubrimiento, realizado por los astrónomos **Michel Mayor** y **Didier Queloz**, les valió el Premio Nobel de Física en 2019. Se identificó mediante un espectroscopio de alta sensibilidad, capaz de captar las diminutas y constantes variaciones en las líneas espectrales de la estrella, causadas por la influencia gravitacional del exoplaneta. Este método, conocido como técnica de velocidad radial, permite registrar los sutiles movimientos que el planeta induce en su estrella anfitriona.

Cabe destacar que 51 Pegasi b se encuentra a solo siete millones de kilómetros de su estrella, una distancia mucho menor que la de Mercurio al Sol. Esta proximidad lo clasifica como un «Júpiter caliente», es decir, un gigante gaseoso con un periodo orbital muy corto, cuyo «año» dura solo cuatro días. Dichos planetas, masivos pero cercanos a sus estrellas, resultaron inesperados y desafiaron las teorías tradicionales de formación planetaria.

Desde este descubrimiento histórico se han ido confirmando miles de exoplanetas con características diversas y distribuidos en distintos sistemas planetarios, gracias al desarrollo de telescopios espaciales y técnicas de detección avanzadas. Hoy se conocen más de 5.000 exoplanetas, cifra que seguirá creciendo a medida que la ciencia y la tecnología progresen.

Para ponerlo en perspectiva, si cada estrella tuviera, como mínimo, dos o tres planetas orbitándola y considerando que en nuestra galaxia existen más de trescientos mil millones de estrellas, podríamos estar hablando de al menos seiscientos mil millones de planetas solo en la Vía Láctea. ¡Y esto sin contar otras galaxias! ¿Te das cuenta de lo que esto significa? Muchos de estos planetas podrían tener condiciones adecuadas para la vida, tal como planteó Giordano Bruno. Su visión, rechazada en su tiempo, se ha convertido en una realidad científica.

Mucho más que ciencia ficción

Estas revelaciones sobre otros mundos y su capacidad para albergar vida similar a la terrestre nos llevan a una pregunta fundamental: ¿estamos solos en el Universo? La búsqueda de exoplanetas no es solo un ejercicio científico, sino un intento de responder una de las cuestiones más profundas de la humanidad, una inquietud que me ha cautivado desde la infancia. Durante siglos, la posibilidad de vida fuera de nuestro planeta fue terreno de especulación de relatos de ciencia ficción, pero cada nuevo exoplaneta descubierto convierte esta búsqueda en un proceso cada vez más riguroso y menos meramente especulativo.

No solo observamos sistemas estelares lejanos; incluso en Marte, nuestro vecino rojo, se han hallado indicios que sugieren que en el pasado pudo haber existido vida microbiana. Aunque aún no se ha demostrado de forma concluyente, la evidencia acumulada sugiere una alta probabilidad de que pronto se confirme tal posibilidad.

Los telescopios espaciales de nueva generación, como el **James Webb**, están diseñados para explorar estas oportunidades. Su capacidad para analizar las atmósferas de exoplanetas cercanos permite identificar compuestos como agua, metano u oxígeno, indicadores de procesos biológicos. Además, estos instrumentos también observan galaxias distantes, lo cual nos ayuda a desentrañar los secretos del Universo primigenio y a comprender mejor su origen.

Imagina por un momento el descubrimiento de vida en otro mundo, y no me refiero únicamente a formas microbianas, sino a la posibilidad de vida inteligente. ¿Qué significaría para la humanidad saber que no estamos solos? ¿Cómo transformaría nuestra visión del Universo y de nosotros mismos? Y, sobre todo, ¿cómo se relacionarían ambas civilizaciones si se dieran a conocer mutuamente?

Arthur C. Clarke, uno de los escritores de ciencia ficción más influyentes del siglo XX, afirmaba: «Existen dos posibilidades: o estamos solos en el Universo o no lo estamos. Ambas son igual de aterradoras». Personalmente, encuentro más inquietante la idea de estar solos, pues en un Universo tan vasto resulta inconcebible que la Tierra sea el único refugio de vida inteligente. En la película *Contact*, la protagonista reflexiona sobre la imposibilidad de que solo nuestro planeta albergue vida en un cosmos repleto de aproximadamente 400.000 millones de estrellas, solo en nuestra galaxia. Si apenas una de cada millón de estrellas tuviera planetas y, de esos, en uno de los planetas de cada estrella se desarrollara la vida y, en uno de cada millón de entre estos, surgiera vida inteligente..., habría literalmente millones de civilizaciones repartidas por el Universo. Como se dice en esa famosa frase: «Si no fuera así... ¡cuánto espacio desaprovechado!».

Durante largo tiempo, las ideas sobre vida en otros planetas y la existencia de seres extraterrestres se asociaron casi exclusivamente a la ciencia ficción. Sin embargo, hoy la ciencia no demuestra que ni nuestro planeta ni nuestro Sistema Solar son tan especiales como se pensaba, que la Tierra no es el centro del Universo. La creencia de que somos el foco de la creación resulta egocéntrica y cada vez más se va dejando atrás.

A medida que avanzamos en el conocimiento del cosmos, entendemos que el Universo no gira en torno a nosotros. Las mismas leyes de la física que permitieron la formación de vida inteligente aquí operan en todo el cosmos. Lo ocurrido en nuestro planeta podría haber sucedido, y quizá ya ocurrió, en innumerables mundos. Por ello, reducir la idea de vida extraterrestre a simples estereotipos de «hombrecillos verdes» es tan limitado como carente de fundamento. Basta con mirarnos al espejo para darnos cuenta de que la existencia de vida inteligente en el Universo no es exclusiva de la Tierra, pues las leyes de la física son universales.

Hoy en día, miles de científicos trabajan seriamente en la búsqueda de vida extraterrestre. No me refiero a conspiracionistas obsesionados con platillos voladores, sino a disciplinas rigurosas como la astrobiología. Esta rama estudia el origen y la evolución de la vida en el Universo, combinando métodos de biología, química, física, geología y astronomía. Los astrobiólogos buscan biofirmas, es decir, señales químicas, patrones geológicos o características atmosféricas asociadas a procesos biológicos.

Hablar de vida extraterrestre ya no es exclusivo de la ciencia ficción; es una investigación seria que transforma nuestra comprensión del Universo. De hecho, desde mi perspectiva, resulta más propio de la ficción imaginar que estamos solos en el cosmos. Considerando la inmensidad del Universo, sería verdaderamente inaudito que la Tierra fuera el único lugar con vida inteligente. Bastaría con levantar la cabeza en una noche despejada para recordar que cada uno de esos puntos luminosos es una estrella similar a nuestro Sol, con sus propios planetas orbitando a su alrededor. Algunas cuentan con más, otras con menos, pero en conjunto, la vastedad de mundos posibles reduce drásticamente las probabilidades de soledad cósmica.

Conocer la naturaleza en su forma más esencial nos enseña a apreciar la belleza de lo que siempre ha estado ahí, envolviéndonos: el cielo estrellado. Estoy seguro de que, cada vez que alces la mirada, ya no verás simples puntos de luz, sino una ventana al pasado y un recordatorio de la inmensidad de los mundos que pueden existir. La soledad humana en el cosmos dejará de parecer ciencia ficción para convertirse en una realidad compartida, donde la vida en otros rincones del Universo ya no es una mera fantasía, sino una posibilidad que la ciencia nos invita a explorar.

Planeta similar a la Tierra

A medida que avanza la búsqueda de exoplanetas, uno de los mayores intereses de los astrónomos es hallar planetas que compartan características con la Tierra. Esto se debe a que, hasta ahora, nuestro planeta es el único conocido que alberga vida. Por ello, resulta lógico dirigir los esfuerzos hacia planetas que puedan ofrecer condiciones similares. ¿Qué requisitos deben cumplir estos planetas?

En primer lugar, deben ser rocosos. Además, es crucial que orbiten una estrella similar al Sol y que se encuentren situados en la llamada **zona habitable**, la región donde las temperaturas permiten la existencia de agua líquida en la superficie, un factor indispensable para la vida tal como la conocemos. El agua líquida no es fruto del azar: es un solvente excepcionalmente versátil, esencial para las reacciones químicas que dan lugar a estructuras complejas, como las células. Otro aspecto fundamental es el tamaño y la masa del planeta, ya que estos parámetros determinan la gravedad, la cual influye directamente a la capacidad del planeta para retener una atmósfera. Sin una atmósfera adecuada, sería difícil mantener condiciones estables para el desarrollo de la vida.

Actualmente, entre todos los exoplanetas confirmados, algunos muestran ciertas similitudes con la Tierra. Para clasificarlos según su grado de semejanza, la NASA y el **Instituto SETI** (Extra Terrestrial Intelligence) han desarrollado el **Índice de Similitud con la Tierra** (IST), un indicador que evalúa cuánto se asemeja un exoplaneta a nuestro mundo. Esta herramienta se basa en parámetros clave como su masa, su radio, su temperatura estimada y la distancia a su estrella (es decir, su ubicación en la zona habitable). De entre los más de cinco mil exoplanetas conocidos, se han identificado hasta setenta mundos potencialmente habitables, de los cuales veintinueve tienen una alta probabilidad de ser planetas rocosos capaces de albergar agua líquida en su superficie.

Entre todos ellos destaca un claro vencedor, al menos hasta la fecha en que escribo estas líneas. Con un índice de similitud con la Tierra de 0,97 —siendo 1 el valor de referencia para nuestro planeta—, este mundo, conocido como **Teegarden's Star b**, no solo encabeza la lista en cuanto a similitud, sino que, además, es uno de los exoplanetas más cercanos, a unos 12,5 años luz de distancia. Sin embargo, pese a su posición privilegiada en el ranking, es importante mantener cierta cautela, ya que este tipo de listas o catálogos, tanto de exoplanetas como de estrellas, pueden experimentar cambios significativos con cada nueva observación. La mejora en los instrumentos y en las técnicas de detección puede proporcionar datos más precisos, alterando las conclusiones iniciales sobre estos objetos.

En cualquier caso, vivimos una época privilegiada en la búsqueda de otros mundos. La lista de exoplanetas confirmados no dejará de crecer, y, con el tiempo, se descubrirán más planetas similares al nuestro. Los astrónomos estiman que solo en nuestra galaxia podrían existir más de 300 millones de planetas potencialmente habitables. Esto no implica que todos alberguen vida, sino que podrían presentar las condiciones adecuadas para que esta surja. Si se cumple que existen tantos planetas con condiciones similares a las de la Tierra, la vida podría haberse desarrollado en miles de ellos, siempre y cuando se den las condiciones necesarias y suficientes. Además, algunos de estos mundos orbitan estrellas de una edad comparable a la del Sol, lo que les habría proporcionado el tiempo suficiente para que la vida evolucionara, tal como ocurrió en nuestro planeta. ¿Acaso eso no nos hace cuestionar la posibilidad de la existencia de seres extraterrestres inteligentes?

¿Dónde están todos?

Durante una reunión de físicos en 1950, Enrico Fermi debatía sobre la existencia de vida inteligente extraterrestre. Mientras caminaban hacia el almuerzo, discutieron informes sobre ovnis y la posibilidad de los viajes interestelares, y la conversación derivó en una pregunta fundamental: «¿Dónde están todos?». Esa interrogante dio origen a lo que hoy conocemos como la **paradoja de Fermi**. ¿Qué significa realmente esta paradoja?

Sabemos que en la Vía Láctea hay miles de millones de estrellas, y un porcentaje significativo es similar al Sol. Con alta probabilidad, algunas de estas estrellas albergan planetas parecidos a la Tierra situados en la zona habitable. Además, muchas de estas estrellas y sus planetas son mucho más antiguos que el Sol, por lo que, si esos mundos reúnen las condiciones necesarias, algunos podrían haber desarrollado vida inteligente hace mucho tiempo. Siguiendo esta lógica, ciertas civilizaciones habrían avanzado tecnológicamente hasta ser capaces de realizar viajes interestelares.

Dado que muchas estrellas semejantes al Sol son miles de millones de años más antiguas, estas civilizaciones ya deberían haber visitado la Tierra —o al menos, enviado sondas—. También se esperaría detectar señales de radio u otras formas de comunicación interestelar, además de visitas físicas, pero hasta ahora no se han hallado pruebas contundentes. ¿Por qué?

Para responder a esta cuestión, se han propuesto diversas soluciones, entra las que destaca la intrigante **hipótesis del bosque oscuro**. Esta teoría sostiene que numerosas civilizaciones extraterrestres podrían existir en el Universo, pero serían completamente silenciosas y, en cierto modo, paranoicas. Según la hipótesis, al alcanzar un nivel tecnológico avanzado que les permitiera detectar a otras, estas civilizaciones considerarían cualquier forma de vida inteligente como una amenaza potencial. Una vez alcanzada la capacidad para realizar viajes interestelares, podrían actuar de forma hostil contra cualquier civilización que revele su presencia, basándose en la premisa de que es imposible conocer las intenciones ajenas; por ello, optarían por el silencio absoluto para no ser detectadas.

La metáfora del bosque oscuro compara a estas civilizaciones con cazadores encubiertos, incapaces de confiar en otros, ya que cualquier acción podría delatarlos y convertirlos en presas. Incluso **Stephen Hawking**, al hablar sobre esta posibilidad, llegó a advertir que la humanidad no debería anunciar activamente su presencia en el Universo.

Pero ¿de dónde surge esta idea? El escritor de ciencia ficción Liu Cixin, en su trilogía *El problema de los tres cuerpos*, introdujo la idea del «gran silencio» y se refirió a este fenómeno como «bosque oscuro» en el segundo volumen de la saga. Aunque se trata de ciencia ficción, el libro plantea ideas hipotéticas fascinantes y no fue la primera vez que se reflexionó sobre la posibilidad de civilizaciones silenciosas.

En uno de sus capítulos, Liu menciona un concepto denominado «sociología cósmica», que postula la existencia de un vasto número de civilizaciones repartidas por el Universo, tal vez en un orden comparable al número de estrellas detectables. Estas civilizaciones formarían una especie de sociedad cósmica, cuyo estudio abarca la naturaleza de esta supersociedad. Esta idea especulativa surge de los debates en torno a la paradoja de Fermi y las posibles interacciones entre civilizaciones avanzadas.

Lo más llamativo de la reflexión de Liu son los axiomas que introduce para explorar la dinámica de esa sociedad. Uno de ellos establece que la necesidad primordial de toda civilización es su supervivencia. Otro axioma plantea que, aunque las civilizaciones crecen y se expanden, la cantidad total de materia del Universo permanece constante. Para poder comprender esta «sociología cósmica» es fundamental tener en cuenta dos aspectos: la **cadena de sospechas** y la **explosión tecnológica**. Esta última se refiere a la alta probabilidad, en escalas de tiempo cósmico (es decir, en términos de cientos de años), de que una civilización tecnológicamente rezagada supere a otra con innovaciones espectaculares. Por ejemplo, el *Homo sapiens* ha experimentado un crecimiento tecnológico impresionante en los últimos trescientos años, y el mundo actual difícilmente se hubiera imaginado hace tan solo cincuenta años.

El otro principio, la «cadena de sospechas», se basa en la desconfianza hacia las intenciones del otro. Se argumenta que somos incapaces de confiar en alguien a lo largo del tiempo, y que iniciamos la comunicación para reducir esa desconfianza. Sin embargo, muchos conflictos surgen precisamente porque dudamos de las intenciones y la sinceridad de nuestros semejantes. ¿Sería esto igual con una civilización extraterrestre?

La respuesta es sumamente compleja y se extiende a múltiples niveles. No basta con considerar nuestra ignorancia sobre el lenguaje que usaría una civilización —sus reglas gramaticales, los significados tras sus expresiones o los conceptos que les resultarían relevantes—, sino que también debemos reconocer que esa civilización tendría una cultura y una visión del cosmos radicalmente distintas a las nuestras, lo que dificultaría cualquier intento de comprensión mutua. Y, como si esto no fuera ya suficiente, se añaden los problemas tecnológicos asociados con la comunicación a través de distancias de años luz.

La física que conocemos establece que nada puede superar la velocidad de la luz. Por ejemplo, si quisiéramos construir un «teléfono cósmico» para comunicarnos con otra civilización, el mensaje tardaría años en llegar a su destino, sin contar que, al llegar, podría no ser comprendido. Supongamos que enviamos un mensaje a Próxima Centauri, la estrella más cercana a nuestro Sistema Solar, situada a cuatro años luz de distancia. Una señal de radio tardaría cuatro años en llegar, y, en el mejor de los casos, la respuesta tardaría otros cuatro años. Así, en el escenario más favorable, tendríamos que esperar ocho años para recibir una contestación.

Este enorme desafío en la comunicación interestelar, junto con el riesgo de revelar nuestra presencia, refuerza la mencionada hipótesis del bosque oscuro. La teoría propone que el silencio absoluto es una estrategia de supervivencia en el Universo, comparable a un bosque oscuro lleno de depredadores que acechan en las sombras, listos para aniquilar a cualquier civilización que delate su ubicación.

¿Por qué se llegaría a esta conclusión? Simplemente, porque estas civilizaciones no podrían confiar en las verdaderas intenciones de otras ni en su capacidad para volverse rápidamente en una amenaza. ¿Qué sucedería si una civilización decidiera volverse en su contra? Incluso una civilización en una fase más temprana podría evolucionar rápidamente y, en poco tiempo, representar un peligro para una civilización más avanzada. Por ello, la única solución sería actuar rápidamente y eliminar cualquier civilización detectada, antes de ser descubiertos. Esta es una de las posibles respuestas a la paradoja de Fermi, aunque se trata de hipótesis y escenarios especulativos ante nuestro actual desconocimiento.

Tengo otra visión. Para que una civilización se desarrolle tecnológicamente y emprenda viajes interestelares, debe perdurar en el tiempo. Uno de los principales problemas que podría enfrentar una civilización como la nuestra es la autoextinción a causa de los conflictos internos. Si llegásemos a disponer de armamento nuclear, un conflicto interno podría desembocar su uso y, en última instancia, provocar la extinción de la especie. Crucemos los dedos por la cuenta que nos trae...

Por ello, hay algo que es fundamental que una civilización logre desarrollar: la empatía. Para alcanzar un nivel tec-

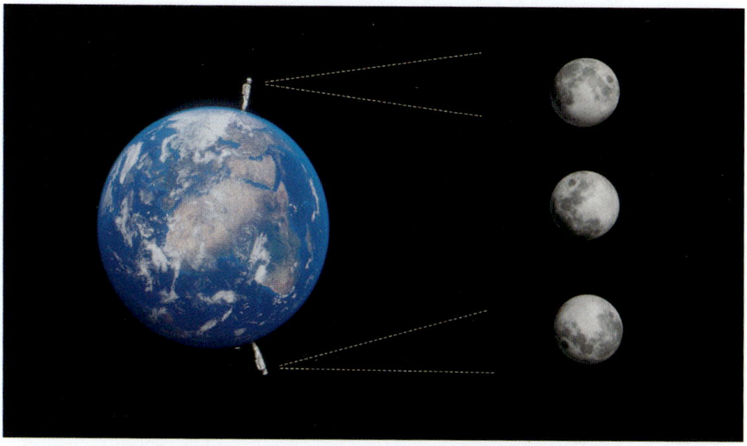

Representación digital de la variación de la apariencia de la Luna según la ubicación del observador debido a la forma esférica de la Tierra. (© Imagen creada por el autor.)

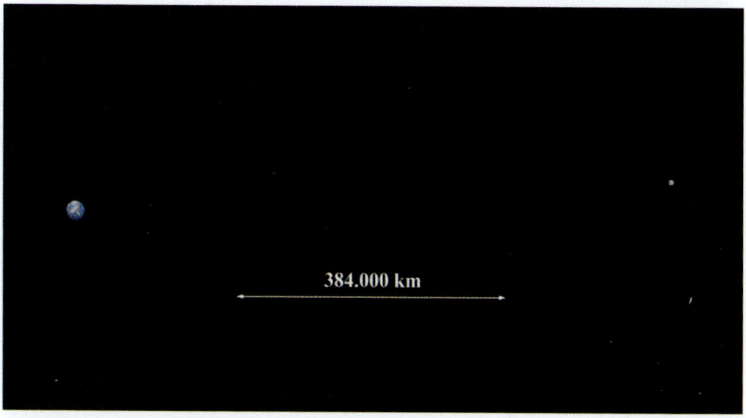

Representación digital de la Tierra (izquierda) y la Luna (derecha) con su distancia real a escala (384.000 kilómetros) para contar con una visión precisa de su separación. (© Imagen creada por el autor.)

Imagen real de la órbita lunar tomada en 1968 por el astronauta del Apolo 8 William A. Anders durante su trayecto de regreso a la Tierra. (© NASA / Wikimedia Commons.)

Imagen real del Módulo Apolo 11 en la Luna tomada en 2021 por la sonda Chandrayan 2 de la Organización de Investigación Espacial de la India (ISRO). (© Goddard Space Flight Center / Arizona State University / NASA.)

Representación digital de la comparación a escala entre la Tierra (12.742 km), la Luna (3.474 km) y Marte, que, aunque es más grande que la Luna, sigue siendo significativamente menor que la Tierra. (© Imagen creada por el autor.)

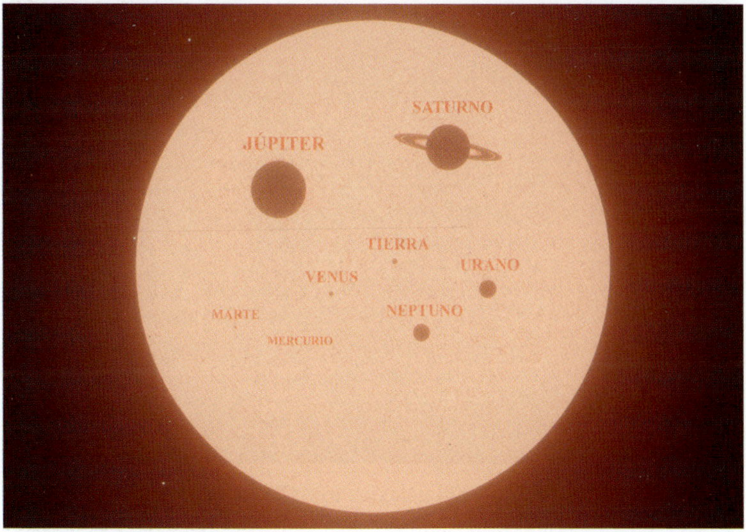

Representación digital a escala del Sol y los ocho planetas del Sistema Solar. (© Imagen creada por el autor.)

Representación digital a escala de la Vía Láctea (*izquierda*) y la galaxia de Andrómeda (*derecha*). La imagen muestra únicamente los tamaños relativos de cada galaxia, sin reflejar la enorme distancia que las separa. (© Imagen creada por el autor.)

Imagen real de más de 45.000 galaxias tomada en 2023 por el telescopio James Webb. (© Brant Robertson [UC Santa Cruz], Ben Johnson [CfA], Sandro Tacchella [Cambridge], Marcia Rieke [University of Arizona], Daniel Eisenstein [CfA] / ESA / CSA / NASA.)

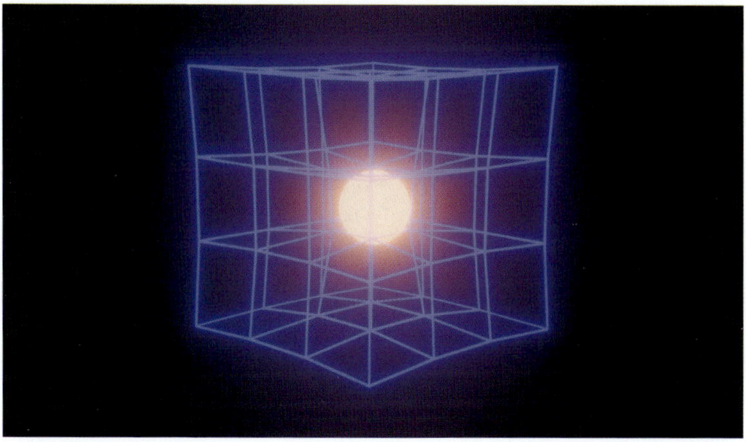

Representación digital en 3D de la curvatura del espacio-tiempo, compuesto por tres dimensiones espaciales y una temporal, causada por la masa de una estrella. (© Imagen creada por el autor.)

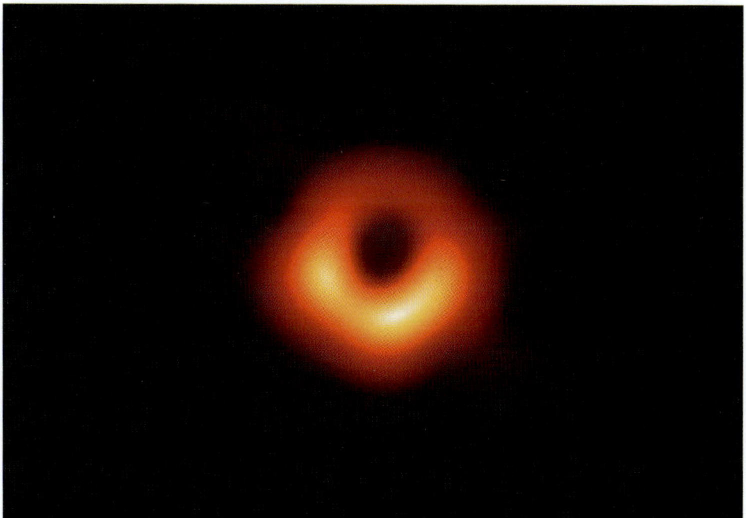

Imagen real reconocida como la primera fotografía de un agujero negro supermasivo. Localizado en el núcleo de la galaxia elíptica Messier 87, la instantánea se tomó en 2017 y la compartió el telescopio Event Horizon. (© European Southern Observatory [ESO] / Wikimedia Commons)

Representación digital de un agujero negro supermasivo rodeado por un disco de acreción giratorio de gas caliente. La intensa gravedad del agujero negro curva la luz que proviene del otro lado del disco y crea la apariencia de que la luz lo envuelve por encima y por debajo. (© Imagen creada por el autor.)

Representación digital a escala de las órbitas de algunos planetas del Sistema Solar (Mercurio, Venus, la Tierra y Marte) en comparación con el diámetro del horizonte de sucesos de Sagitario A*, el agujero negro supermasivo en el centro de la Vía Láctea. El horizonte de sucesos marca la región más allá de la cual nada, ni siquiera la luz, puede escapar. Sin embargo, la imagen no incluye el disco de acreción. (© Imagen creada por el autor.)

Representación digital a escala del agujero negro supermasivo TON 618 que muestra únicamente su horizonte de sucesos, sin incluir su posible disco de acreción. Se compara con el tamaño del Sistema Solar, en el centro de la esfera. (© Imagen creada por el autor.)

Representación digital de la expansión del Universo. Los tres globos (su superficie representa el tejido del espacio) muestran cómo, con el paso del tiempo, las galaxias en la superficie de cada uno se alejan entre sí sin necesidad de moverse, solamente debido a la expansión del espacio. (© Imagen creada por el autor.)

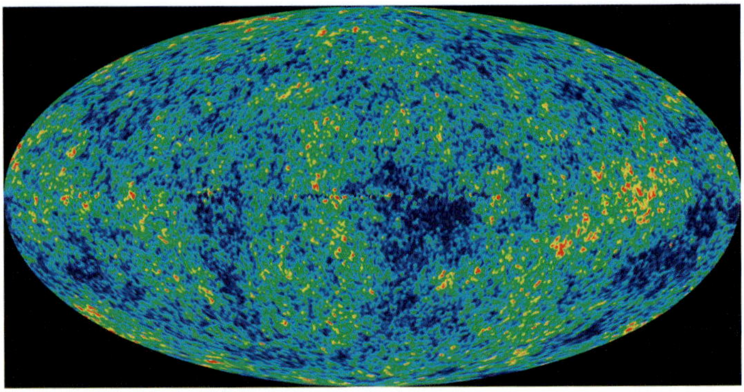

La imagen detallada de todo el cielo del Universo infantil, creada a partir de nueve años de datos de WMAP. Revela fluctuaciones de temperatura de 13.770 millones de años (mostradas como diferencias de color) que corresponden a las semillas que dieron origen a las galaxias. La señal de nuestra galaxia fue restada utilizando los datos multicanal. Esta imagen muestra un rango de temperatura de ± 200 microKelvin. (© WMAP Science Team / NASA.)

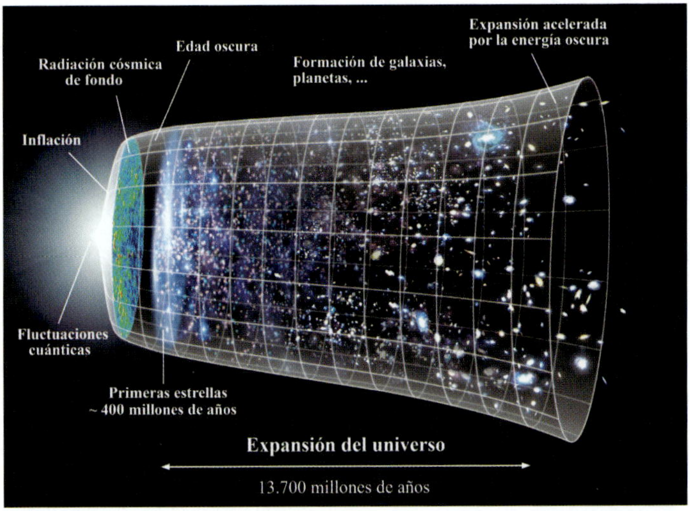

Representación de la evolución del Universo en 13.770 millones de años. Comienza con una fase de inflación que aceleró su expansión, luego esta se ralentizó por la gravedad. Más recientemente, la expansión se ha acelerado debido a la energía oscura. La luz residual observada por WMAP, emitida 375.000 años después de la inflación, ha viajado por el Universo, registrando las condiciones iniciales. (© WMAP Science Team / NASA.)

Según Newton, si el Sol desapareciera de forma súbita, la Tierra saldría despedida de su órbita de manera instantánea, y todos los seres que habitaran el Universo sabrían de la desaparición del Sol en ese mismo momento. Según la teoría de Newton, todos los relojes del Universo podrían sincronizarse de modo que un segundo en la Tierra equivaliera al mismo intervalo en Saturno o Júpiter. En este modelo, el tiempo y el espacio eran absolutos y uniformes.

Sin embargo, la **teoría de la relatividad especial**, publicada en 1905, revolucionó este paradigma. Einstein propuso que el tiempo y el espacio no son absolutos, sino relativos, y que están intrínsecamente unidos en lo que denominamos **espacio-tiempo**. Así, el tiempo puede transcurrir más rápido o más lento según la velocidad del observador y su posición en el Universo.

Esta idea se fraguó en las teorías de Einstein muchos años antes, cuando aún era un joven estudiante y se preguntó: ¿qué pasaría si pudiera correr junto a un rayo de luz? Este experimento mental marcó el inicio de una revolución científica. Según las leyes clásicas de Newton, si te movieras a la velocidad de la luz, el rayo debería parecer estático; sin embargo, las **ecuaciones de Maxwell** exigen que la luz se desplace a una velocidad constante en el vacío, lo que planteaba una aparente contradicción: ¿cómo podían ser compatibles ambas ideas? Einstein resolvió el enigma al darse cuenta de que no era la velocidad de la luz la que debía ajustarse, sino nuestra comprensión del tiempo y el espacio.

La luz es absoluta, su velocidad es siempre la misma, sin importar el movimiento relativo del observador. Para que esto sea posible, el tiempo y el espacio deben ser flexibles, capaces de dilatarse o contraerse. Un observador que viaje a unas velocidades cercanas a la de la luz experimentará el tiempo de manera más lenta que alguien en reposo. Este fenómeno, conocido como **dilatación temporal**, demuestra que los segundos no transcurren igual para todos; no existe un tictac universal.

Imagina por un momento que eres un astronauta a bordo de una nave capaz de acelerar a velocidades cercanas a la de la luz. Antes de emprender el viaje, sincronizas tu reloj con uno idéntico en la Tierra. Durante el trayecto, el tiempo para ti transcurre normalmente; sin embargo, al regresar, descubres que tu reloj muestra menos tiempo transcurrido que el de quienes permanecieron en la Tierra. Por ejemplo, mientras tú experimentaste un año, en la Tierra habrían pasado siete años.

Aunque esta teoría redefinió nuestra comprensión del tiempo, el espacio y la velocidad de la luz, Einstein sabía que quedaba un interrogante crucial: ¿qué ocurría con la gravedad? La relatividad especial no abordaba esta fuerza fundamental, y la teoría newtoniana resultaba insuficiente para describirla en términos de acción a distancia. Así comenzó una década de intenso trabajo intelectual que culminó en su obra maestra, la teoría de la relatividad general, publicada en 1915.

Si el espacio y el tiempo no son absolutos, ¿cómo interactúan con la gravedad? Newton explicó cómo calcular la fuerza gravitacional entre dos cuerpos, pero no el mecanismo detrás de ella. Einstein buscó comprender qué era realmente la gravedad y cómo se propagaba en el Universo. La respuesta surgió con una intuición revolucionaria: la gravedad no es una fuerza en el sentido tradicional, sino la manifestación de la curvatura del espacio-tiempo.

Para entenderlo, imagina colocar una piedra pesada sobre una cama. El peso de la piedra hunde ligeramente la superficie de la cama. Ahora, si lanzas una pequeña canica sobre la cama, esta no seguiría una trayectoria recta, sino que se desviará alrededor de la piedra. Desde la perspectiva newtoniana, se podría decir que una fuerza misteriosa procede de la piedra y produce un cambio de dirección de la canica; sin embargo, desde el punto de vista relativista, no hay ninguna fuerza misteriosa empujando la canica, lo que observamos es la curvatura de la superficie que dicta su trayectoria. A continuación, sustituye la piedra que hemos puesto en la cama por el Sol, la canica por la Tierra y la superficie de la cama por el espacio-tiempo. Como ves, no hay ninguna fuerza misteriosa que esté tirando de la Tierra, lo único que está haciendo es seguir su trayectoria por el tejido del espacio-tiempo, curvado por la masa del Sol. Con lo cual, no hay una fuerza «tirando» de la Tierra hacia el Sol. Lo que sucede es que la Tierra sigue una trayectoria natural en el espacio-tiempo deformado por la masa del Sol.

Esta visión implica que la gravedad no es una atracción, sino una propiedad geométrica del espacio-tiempo. La masa de un objeto deforma el tejido del espacio, y esa curvatura determina el movimiento de otros cuerpos. Como dijo John Wheeler: «La materia le dice al espacio cómo curvarse, y el espacio le dice a la materia cómo moverse».

Einstein advirtió que la curvatura del espacio-tiempo afecta también al flujo del tiempo. Cerca de un objeto masivo, donde la deformación es más pronunciada, el tiempo transcurre más despacio en comparación con regiones alejadas de su influencia gravitacional. Este efecto, conocido como **dilatación temporal gravitacional**, se mide y corrige diariamente en sistemas como el GPS. Los satélites, que orbitan a altitudes donde la gravedad es menor, tienen relojes que avanzan más rápido en comparación con los de la superficie terrestre. Además, debido a su alta velocidad relativa, los satélites también experimentan un ligero efecto de **desaceleración temporal** por relatividad especial. Estos dos efectos combinados —de relatividad general y especial— se corrigen para garantizar la precisión del sistema. Si no se tuvieran en cuenta las predicciones relativistas, los GPS acumularían errores de varios kilómetros en sus cálculos cada día, volviéndose completamente imprecisos.

Desde la perspectiva de Einstein, cualquier perturbación en la gravedad se propaga a una velocidad finita, igual a la de la luz. Por ello, si el Sol desapareciera súbitamente, no lo notaríamos de inmediato; durante los ocho minutos que tarda la luz en viajar desde el Sol hasta la Tierra, seguiríamos experimentando la misma atracción gravitacional y nuestra órbita no cambiaría. Este fenómeno demuestra que la gravedad, en el marco de la relatividad general, no actúa de manera instantánea, sino que se propaga como **ondas** en el tejido del espacio-tiempo a una velocidad finita.

La teoría de Einstein no solo redefinió la gravedad, sino que realizó predicciones comprobables. Una de ellas era que la luz, aunque carece de masa, posee energía y debería desviarse al pasar cerca de un objeto masivo. Este efecto se confirmó en 1919 durante un eclipse solar, cuando las posiciones aparentes de las estrellas cercanas al Sol se desplazaron conforme a lo previsto.

En medio de una Europa que todavía se recuperaba de las heridas de la Primera Guerra Mundial, un grupo de astrónomos liderados por Arthur Eddington emprendió una misión que cambiaría la historia de la ciencia. La teoría de la relatividad general de Einstein contenía una predicción casi inverosímil: la luz de las estrellas que pasara cerca del Sol no seguiría una trayectoria recta, sino que se curvaría a causa de la deformación del espacio-tiempo provocada por la enorme masa del Sol. Para probarlo, era necesario contar con un **eclipse solar total**, un fenómeno raro que permitiría observar las estrellas cercanas al Sol durante el día.

Eddington y su equipo organizaron dos expediciones, una a la isla Príncipe, frente a la costa de África, y otra a Sobral, Brasil. En condiciones difíciles y con instrumentos delicados, fotografiaron las estrellas próximas al Sol durante el eclipse. Al revelar las placas fotográficas, el resultado fue claro: las posiciones de las estrellas se desplazaban respecto a sus ubicaciones habituales, tal como Einstein había predicho.

Esta prueba experimental no solo validó la teoría de la relatividad general, sino que elevó a Einstein al estatus de genio universal. En pocas semanas, su imagen apareció en periódicos de todo el mundo y su nombre se convirtió en sinónimo de genialidad, mientras la humanidad vislumbraba por primera vez un Universo más extraño y maravilloso de lo que jamás había imaginado

Con la confirmación de la teoría de la relatividad general, se abrió una nueva ventana para entender el cosmos, pero también surgieron preguntas más profundas e inquietantes sobre las consecuencias extremas de esta visión del Universo. Una de ellas fue la posibilidad de la existencia de regiones del espacio donde la curvatura del espacio-tiempo sea tan intensa que nada, ni siquiera la luz, podría escapar de su atracción gravitatoria.

Agujeros negros: cuando la luz no puede escapar

Los agujeros negros son, sin duda, uno de los fenómenos más fascinantes y misteriosos del Universo. Nuestra historia sobre ellos comienza mucho antes de que siquiera supiéramos que existían. De hecho, el concepto de un objeto tan masivo que ni siquiera la luz puede escapar se remonta al siglo XVIII, mucho antes de que la relatividad general proporcionara las herramientas para comprender su verdadera naturaleza.

El primero en hablar sobre la idea de lo que hoy conocemos como agujeros negros fue el británico John Michell, en 1783. En un artículo publicado en el *Philosophical Transactions of the Royal Society of London*, Michell presentó la idea de las «**estrellas oscuras**». Aunque no utilizó el término «agujero negro», describió un objeto tan masivo y compacto que su gravedad resultaría lo suficientemente intensa como para impedir que la luz se escapara. Basándose en la teoría corpuscular de Newton, en la que se consideraba que la luz estaba compuesta de partículas, Michell calculó la velocidad de escape necesaria para superar la atracción gravitacional de un cuerpo muy masivo. Concluyó que, si un objeto tuviera un radio lo bastante pequeño y una densidad muy alta, su gravedad sería tan intensa que ninguna partícula de luz podría abandonar su superficie, lo que lo haría invisible para observadores externos. De ahí el nombre de «estrellas oscuras».

Aunque la idea de Michell resultó sorprendentemente visionaria, en su época carecía de las herramientas conceptuales y matemáticas para profundizar en ella. No fue hasta la llegada de la teoría de la relatividad general de Einstein que estos objetos comenzaron a entenderse de forma rigurosa. Con las nuevas ideas sobre la curvatura del espacio-tiempo, los astrónomos y físicos comprendieron que los agujeros negros no eran solo una curiosidad teórica, sino una consecuencia inevitable de las leyes del Universo.

Pero ¿cómo se forman estos misteriosos objetos realmente? Para «crear» un agujero negro necesitas una estrella extremadamente masiva, al menos diez veces más grande que nuestro Sol. Estas gigantes pasan millones de años fusionando elementos ligeros en su núcleo, generando la energía que contrarresta la atracción gravitacional. Sin embargo, llega un momento en que la estrella agota su combustible nuclear, y su núcleo ya no puede sostenerse contra la fuerza gravitatoria; en consecuencia, colapsa de manera catastrófica. Este proceso suele ir acompañado de una **supernova**, un estallido violento e impresionante en el que las capas exteriores de la estrella se expulsan al espacio a velocidades inimaginables.

En algunos casos, si el núcleo residual de una estrella tiene suficiente masa —superando lo que se conoce como el **límite de Tolman-Oppenheimer-Volkoff** (aproximadamente dos o tres veces la masa del Sol)—, su colapso no se detiene. La gravedad se vuelve irresistible y comprime la materia hasta un punto en el que ninguna fuerza conocida puede detenerla. Así se forma un agujero negro: un objeto tan denso y compacto que ni siquiera la luz puede escapar de su atracción gravitatoria.

Rodeando la singularidad se encuentra el **horizonte de sucesos**, una región imaginaria que marca el límite de no retorno. Todo lo que cruce esta frontera está atrapado para siempre, sin posibilidad de escapar, ni siquiera viajando a la velocidad de la luz.

El horizonte de sucesos no es una barrera física en el sentido de una superficie material, sino un límite teórico en el que la velocidad de escape supera la velocidad de la luz. Antes de continuar, cabe destacar que el **límite teórico** es un concepto definido por principios matemáticos o físicos que establece una frontera o restricción, pero que no necesariamente corresponde a una barrera física tangible. Por lo tanto, debido a la intensa gravedad del agujero negro, el espacio-tiempo se curva de manera extrema en esa región, lo que impide que cualquier cosa, incluida la luz, pueda escapar una vez que la cruza. Desde la perspectiva de un observador externo, todo lo que se aproxime a dicho límite parecerá ralentizarse progresivamente y desvanecerse, como si el tiempo mismo se congelara al borde del abismo. Este efecto, que como hemos visto se conoce como dilatación temporal gravitacional, es una de las predicciones más asombrosas de la relatividad general y se ha observado en las proximidades de agujeros negros reales.

En el centro del agujero negro, más allá del horizonte de sucesos, se encuentra la **singularidad**, donde las leyes de la física, tal como las conocemos, se derrumban. En este corazón oscuro, la densidad se vuelve infinita según la teoría de la relatividad general, y el espacio y el tiempo dejan de tener sentido. Aunque a menudo se dice que «el tiempo se detiene» en la singularidad, en realidad esta región representa un desafío para la física actual, ya que aún no tenemos una teoría cuántica de la gravedad que explique lo que realmente ocurre allí.

Pero ¿por qué ni siquiera la luz puede escapar de un agujero negro? Para entenderlo, es útil considerar el concepto de **velocidad de escape**, que es la mínima velocidad que un objeto necesita para superar la atracción gravitatoria de un cuerpo masivo y escapar al espacio. En la Tierra, por ejemplo, un objeto que desee escapar de la atracción gravitatoria terrestre debe alcanzar una velocidad de aproximadamente 11,2 kilómetros por segundo (unos 40.000 kilómetros por hora).

La velocidad de escape depende de dos factores: la masa del objeto y su radio. Cuanto mayor sea la masa y menor el radio —es decir, cuanto más compacto sea—, mayor será la velocidad de escape. Si aumentamos la densidad de un objeto y reducimos su radio por debajo de un límite crítico, conocido como **radio de Schwarzschild**, la velocidad de escape puede superar los 300.000 kilómetros por segundo, que es la velocidad de la luz en el vacío. En este punto crítico, ni siquiera los **fotones**, las partículas que componen la luz y que siempre viajan a esa velocidad máxima, pueden escapar. Así se forma un agujero negro.

A pesar de su naturaleza invisible, los agujeros negros no pasaron desapercibidos para los astrónomos. Aunque no se pueden observar directamente, su existencia queda demostrada por los efectos que generan en su entorno. ¿Cómo podemos detectar algo que, por definición, no emite luz? Imagina un molino de agua oculto tras una cascada. Aunque no puedas ver el molino directamente, el movimiento del agua y el ruido que produce revelan su presencia. Los agujeros negros funcionan de manera similar: aunque son invisibles, su interacción con la materia y la energía a su alrededor los delata.

Un ejemplo clave es el material que cae hacia un agujero negro. Antes de ser «engullido» y cruzar el horizonte de sucesos —el punto de no retorno—, este material forma un disco de acreción, como si la materia girara en un remolino alrededor de un desagüe cósmico. Durante este proceso, el gas y el polvo alcanzan velocidades extremas y se calientan enormemente debido a la fricción y las intensas fuerzas gravitatorias. El calor generado hace que el disco emita radiación electromagnética, incluidos rayos X, que actúan como destellos reveladores captados por telescopios especializados. Aunque no vemos el agujero negro en sí, este espectáculo luminoso confirma su presencia, oculta tras el velo de su gravedad extrema.

Un caso significativo es el de **Cygnus X-1**, descubierto en la década de 1960. Ubicado en la constelación del Cisne, este objeto es un sistema binario en el que una estrella supergigante azul orbita alrededor de una fuente compacta que emite intensos rayos X. Tras años de observación y análisis, se concluyó que esta fuente era un agujero negro con una masa aproximadamente quince veces mayor que la del Sol. Aunque no fue el primer indicio teórico de la existencia de agujeros negros, Cygnus X-1 marcó un hito al ser uno de los primeros candidatos observados y ampliamente aceptados por la comunidad científica.

Desde entonces, los avances tecnológicos han permitido detectar agujeros negros más masivos y lejanos, abriéndonos la posibilidad de presenciar eventos que antes parecían imposibles de observar. Uno de los hitos más revolucionarios fue la detección de **ondas gravitacionales** en el tejido del espacio-tiempo, predicha por Einstein en su teoría de la relatividad general. Estas ondas son generadas por eventos cósmicos extremadamente violentos, como la colisión y fusión de dos agujeros negros, ya que estos, efectivamente, también colisionan entre sí.

En 2015, el **observatorio LIGO** (Laser Interferometer Gravitational-Wave Observatory) detectó por primera vez estas ondas gravitacionales provenientes de la fusión de dos agujeros negros situados a más de mil millones de años luz de distancia. Este descubrimiento no solo confirmó la existencia de **agujeros negros binarios**, sino que inauguró una nueva era en la astronomía, permitiéndonos «escuchar» los ecos del Universo en lugar de solo observarlos. Desde entonces, se han registrado eventos similares, lo que nos ha brindado información sobre la masa, la rotación, la energía liberada en la colisión —emitida en forma de ondas gravitacionales— y el proceso de formación de agujeros negros resultantes.

Pero el descubrimiento más icónico llegó en 2019, cuando se presentó al mundo un logro sin precedentes: la primera imagen de la sombra de un agujero negro, obtenida por el **Telescopio del Horizonte de Sucesos** (Event Horizon Telescope). Este monumental esfuerzo internacional capturó la silueta del agujero negro supermasivo en el centro de la **galaxia M87**. La imagen reveló un anillo brillante de luz distorsionada por la intensa gravedad, producto de fotones atrapados cerca del horizonte de sucesos, con un brillo asimétrico causado por el movimiento del gas en el disco de acreción.

Nuestra propia galaxia también alberga un enigma similar. En el corazón de la Vía Láctea, yace un objeto tan extraordinariamente denso que desafía toda explicación conocida, y cuyas observaciones concuerdan plenamente con lo que se espera de un agujero negro. Este enigmático cuerpo, conocido como **Sagitario A*** (se pronuncia «A Estrella»), concentra alrededor de cuatro millones de veces la masa de nuestro Sol y su radio de influencia gravitacional (su esfera de Schwarzschild) es de unos diecisiete radios solares, lo que es considerablemente menor que el tamaño del Sistema Solar. Para lograr compactar tanta materia en un volumen tan reducido, el objeto debe alcanzar un límite extremo de densidad, de manera que su propia gravedad impida que algo, incluso la luz, escape de su atracción. En otras palabras, su comportamiento es consistente con el modelo teórico de un agujero negro.

Lo fascinante es que nuestra galaxia no es una excepción. Observaciones en el cosmos han revelado que la mayoría de las galaxias grandes y medianas parecen albergar un agujero negro supermasivo en su núcleo. La presencia de estos colosales objetos parece ser una característica común en el Universo, puesto que desempeñan un papel fundamental en la formación y evolución de las galaxias. Sagitario A* nos resulta especial por ser el centro de nuestra casa cósmica, pero forma parte de un vasto y fascinante patrón que se repite a lo largo del cosmos.

Aunque Sagitario A* es impresionante, se ve eclipsado por otros colosos del Universo. Uno de los más extraordinarios es **TON 618,** un agujero negro supermasivo situado en el núcleo de un cuásar a unos diez mil millones de años luz de distancia. Este titán cósmico tiene una masa estimada de sesenta y seis mil millones de veces la del Sol, lo que lo convierte en uno de los mayores agujeros negros conocidos. Para ponerlo en perspectiva, si Sagitario A* fuera del tamaño de una canica, TON 618 equivaldría a una esfera gigantesca, comparable en dimensiones a la Gran Pirámide de Giza. En la escala cósmica, nuestro agujero negro local es apenas un grano de arena frente a un coloso intergaláctico.

Lo más asombroso de este monstruo cósmico no es solo su existencia, sino que su presencia se manifiesta a través de un cuásar extremadamente brillante, alimentado por la materia que cae en espiral hacia su interior. Un **cuásar** es una galaxia recién nacida o bien una fuente de energía extraordinaria, en la que el disco de acreción de gas y polvo, calentado a temperaturas extremas por la fricción y la gravedad, brilla con una intensidad que eclipsa a toda una galaxia, permitiendo observarlo incluso a enormes distancias.

Cada vez son más los científicos que se adentran en el misterio de estos colosos cósmicos, y, poco a poco, se sabe más de ellos. Un hallazgo especialmente sorprendente fue el que realizó Stephen Hawking, quien sugirió que los agujeros negros emiten radiación (la llamada **radiación de Hawking**). Esta idea se basa en un marco teórico que combina la mecánica cuántica y la relatividad general; no es una «demostración» experimental, sino una predicción teórica sólida, ampliamente aceptada, pero aún no confirmada de manera directa mediante observaciones. En esencia, los agujeros negros perderían energía de forma gradual, como si se evaporaran hasta desaparecer. Sin embargo, persisten preguntas fundamentales que desafían nuestra comprensión, entre ellas la naturaleza de la singularidad en el núcleo de los agujeros negros. Este concepto, derivado de las ecuaciones de la relatividad general, describe un punto donde las densidades y curvaturas del espaciotiempo tienden a infinito. Sin embargo, muchos físicos creen que esta singularidad no existe literalmente, sino que señala el límite de nuestras teorías actuales, donde la relatividad general y la mecánica cuántica se enfrentan, revelando sus propias limitaciones.

Resolver este enigma podría desencadenar una auténtica revolución científica, y dar lugar a una teoría unificada que combine los fenómenos a gran escala del cosmos con los procesos más pequeños y fundamentales. Una teoría así no solo explicaría las singularidades, sino que abriría una nueva ventana hacia la comprensión profunda del Universo y sus leyes.

Por ahora, los agujeros negros permanecen como silenciosos guardianes de secretos cósmicos, desafiándonos desde la distancia con su inmensidad y misterio. Estos monstruos del espacio-tiempo nos recuerdan que el Universo es mucho más vasto y extraño de lo que nuestra imaginación puede abarcar. A medida que avanzamos en la exploración del cosmos, los agujeros negros continúan invitándonos a adentrarnos en lo desconocido, a trascender los límites de nuestro entendimiento. El futuro de la ciencia nos llevará, sin duda, a confrontar estos colosos, a desentrañar los misterios que albergan en su interior y, quizá, a comprender aspectos del cosmos que aún nos son completamente ajenos.

7
LA EXPANSIÓN DEL UNIVERSO

Todo lo que conocemos está en movimiento. No solo los planetas giran alrededor de las estrellas y las galaxias se desplazan en **equilibrio gravitacional**, sino que existe algo más profundo: un estiramiento continuo que afecta al tejido mismo del cosmos. Nuestro Universo, lejos de ser un escenario inmóvil, está en expansión. Esta expansión moldea su estructura, a escalas que desafían nuestra imaginación. Lejos de ser estático, el espacio crece y se extiende sin cesar en todas direcciones, desplegándose en un acto interminable de creación.

Este descubrimiento desafió las creencias más arraigadas sobre un espacio eterno e inmutable y marcó un punto de inflexión en nuestra forma de entender el lugar que ocupamos en la inmensidad. ¿Cómo pasamos de imaginar un Universo estático a descubrir su naturaleza en constante expansión? Y, más allá de eso, ¿qué implica para nosotros habitar un cosmos que nunca deja de crecer?

¿Cómo sabemos que el Universo crece?

La visión que hoy tenemos del Universo comenzó a transformarse en 1924, cuando el astrónomo estadounidense **Edwin Hubble** realizó un descubrimiento que cambiaría para siempre nuestra comprensión del cosmos. Hubble demostró que nuestra galaxia no era única, sino que, en realidad, existen muchas otras, vastos sistemas de estrellas y materia que se extendían por el espacio de forma tan amplia que lo que solíamos ver como un cielo plagado de estrellas era solo una fracción diminuta de un panorama mucho más extenso.

Pero Hubble no se conformó solo con observar estas nuevas galaxias: quiso entender su distancia. Mientras que las estrellas cercanas parecían moverse a través del cielo con el tiempo, estas otras galaxias, tan remotas y lejanas, parecía que permanecieran completamente fijas. Ante este desafío, Hubble recurrió a métodos indirectos para determinar las distancias hasta esas galaxias tan lejanas. Para hacerlo, se basó en un principio fundamental de la astronomía: el uso de las estrellas variables Cefeidas como **candelas estándar**. Estas estrellas presentan una relación bien definida entre el periodo de su variabilidad y su luminosidad intrínseca, descubierta por Henrietta Leavitt en 1908. Gracias a esta relación, Hubble pudo calcular distancias a galaxias externas, ya que el brillo aparente de una estrella depende tanto de su luminosidad intrínseca como de la distancia a la que se encuentra. Mientras que para las estrellas cercanas se utiliza el método del paralaje estelar, para aquellas más distantes que no se pueden calcular a través del paralaje se emplean candelas estándar como las Cefeidas. De forma inversa, si conocemos la luminosidad intrínseca de las estrellas en otras galaxias, es posible estimar su distancia midiendo su brillo aparente desde la Tierra.

Hubble no solo logró determinar las enormes distancias que nos separaban de estas galaxias, sino que también descubrió algo aún más asombroso al analizar la luz que procedía de ellas. Estudió las **líneas espectrales**, verdaderas huellas digitales de los elementos químicos presentes en cada galaxia. Estas líneas no solo revelan la composición de una galaxia, sino que también pueden indicar el movimiento relativo de esta galaxia respecto de la Tierra. En ciertos casos, las líneas espectrales se desplazan hacia el rojo del espectro, fenómeno conocido como **corrimiento al rojo**. Inicialmente, este desplazamiento se interpretó mediante el **efecto Doppler**, según el cual las ondas de luz se estiran o comprimen dependiendo de si la fuente se aleja o se acerca al observador. Un corrimiento hacia el rojo indicaba que el objeto se está alejando, es decir, que su luz se desplazaba hacia longitudes de onda más largas.

Sin embargo, el corrimiento al rojo observado por Hubble en galaxias lejanas tenía una causa distinta: no se debía al movimiento de las galaxias a través del espacio, sino a la propia expansión del Universo. Este fenómeno, denominado **corrimiento al rojo cosmológico**, es consecuencia directa de la teoría de la relatividad general y evidencia que el espacio mismo se está estirando, alejando las galaxias entre sí.

Cuando Hubble comparó las líneas espectrales de distintas galaxias con sus distancias, descubrió algo extraordinario. La mayoría de las galaxias exhiben un corrimiento al rojo, mientras que las galaxias más cercanas —como Andrómeda, que se acerca a la Vía Láctea por interacción gravitatoria— pueden presentar un corrimiento al azul. Este hallazgo marcó un punto de inflexión en nuestra comprensión del cosmos. Hasta ese momento, muchos científicos creían en un Universo estático, sin principio ni fin claros; pero los datos de Hubble mostraban un panorama muy distinto: ¡el Universo se encuentra en expansión! Esta idea radical condujo a la conclusión de que el cosmos estuvo concentrado en un único punto, lo que propició la aceptación generalizada de la teoría del Big Bang, propuesta por Georges Lemaître, quien postulaba que el Universo había tenido el inicio en un **átomo primigenio**.

Imagina un Universo estático, sin expansión. Si dispersaras muchas galaxias de forma aleatoria en el espacio y tuvieras en cuenta la gravedad sin importar la distancia inicial entre ellas, todas acabarían reuniéndose en un mismo punto. En cambio, en un Universo en expansión, estas galaxias tendrían mucho más difícil converger, ya que la expansión compite con la atracción gravitatoria. Si la expansión fuera lenta, la gravedad podría contrarrestarla y, finalmente, unir todas las galaxias; pero si la expansión es muy rápida, la gravedad no sería suficiente para detenerla, y el Universo se expandiría para siempre.

Rebobinando en el tiempo, como si viéramos una película al revés, descubrimos que las galaxias no solo dejaron de alejarse, sino que comenzaron a acercarse progresivamente. Cada paso hacia el pasado comprime el Universo, reduciendo las vastas distancias entre las galaxias y condensando el espacio y la materia a una escala inimaginablemente pequeña. Esta extrapolación nos conduce a una conclusión sorprendente e inevitable: hubo un momento en que toda la materia y la energía del Universo estaban comprimidas en un estado de densidad y temperatura extremadamente altas, lo cual dio inicio a la expansión que originó el cosmos que conocemos hoy.

Sin embargo, esta expansión del Universo no solo cambia nuestra percepción de las galaxias, sino también la forma en que entendemos el tiempo y el espacio. No significa que las galaxias se alejen por su propio movimiento, sino que el espacio que las separa se está estirando. En otras palabras, las galaxias no se desplazan a través del espacio como barcos en un océano, sino que es el propio océano el que se expande y se lleva consigo todo lo que flota en él.

Para comprender este fenómeno, imagina un pastel de pasas en proceso de horneado. Las pasas representan las galaxias y el pastel, el espacio. Al expandirse el pastel en el calor del horno, no son las pasas las que se mueven por sí solas, sino la masa del pastel la que se estira, separándolas progresivamente. Cuanto mayor es el tamaño del pastel, más distantes quedan las pasas entre sí. Algo similar ocurre en el cosmos: las galaxias no atraviesan el espacio, salvo por su movimiento inducido por la gravedad; en cambio, se separan a medida que el espacio se expande. Esto explica por qué no hay un «centro» de expansión en el pastel: desde cualquier punto del Universo, parecerá que todas las galaxias se alejan, como si se estuviera en el centro, sin que en realidad haya un lugar único donde se originara la expansión. El Universo observable carece, en efecto, de un borde o límite, propiedad inherente a un espacio homogéneo e isótropo.

Esta expansión también aclara por qué no percibimos el fenómeno a escalas menores, como en el Sistema Solar o nuestra galaxia. A esas escalas, la gravedad actúa como un pegamento mucho más fuerte que la expansión, manteniendo juntas a las galaxias, al igual que las pasas que se agrupan en un pastel. Solo a escalas cósmicas, donde la gravedad no domina, se evidencian claramente los efectos de la expansión. Por ejemplo, en los cúmulos de galaxias, donde muchas se encuentran relativamente próximas, la gravedad las une en un **baile gravitacional** que puede durar miles de millones de años. En ocasiones, esta interacción de la gravedad es tan intensa que incluso provoca colisiones entre galaxias, pese a que, a gran escala, el Universo sigue expandiéndose.

Este razonamiento, impulsado por las observaciones de Edwin Hubble, sentó las bases de nuestra comprensión moderna del cosmos. La expansión del Universo no es simplemente un fenómeno observable, sino una pista fundamental que nos invita a explorar con mayor profundidad el concepto del cosmos observable.

¿Qué es el Universo observable?

El término «**Universo observable**» puede parecer, en un principio, una limitación autoimpuesta. ¿Por qué hablamos solo de aquello que podemos ver? ¿Acaso no existe más allá? La respuesta es tanto sencilla como asombrosa: el Universo observable no refleja el tamaño total del cosmos, sino nuestra capacidad para recibir información.

El Universo tiene una edad estimada de unos 13.800 millones de años, lo que significa que la luz que hoy observamos de las galaxias más lejanas ha tardado exactamente ese tiempo en llegar hasta nosotros. Esto establece un límite en lo que podemos ver, un **horizonte cósmico** que abarca todo aquello cuya luz ha tenido tiempo suficiente para alcanzarnos desde el principio del tiempo.

Sin embargo, este horizonte encierra una curiosa paradoja. Aunque la edad del Universo parezca sugerir dimensiones limitadas, el Universo observable es mucho mayor. Su diámetro alcanza aproximadamente los 93.000 millones de años luz, debido a que el espacio mismo se ha estado expandiendo mientras la luz viajaba hacia nosotros. Es crucial entender que este límite no representa una frontera física: no existe un muro al final del Universo observable ni una señal que marque su contorno. Más allá de este horizonte, el Universo continúa (o eso suponemos), pero su luz no ha tenido tiempo suficiente para llegar hasta nosotros.

Seguramente has escuchado o leído algo que, a primera vista, parece desafiar las leyes de la física: el hecho de que el espacio pueda expandirse a velocidades superiores a la de la luz. ¿Cómo es posible esto? ¿No contradice una de las leyes más fundamentales del Universo? No es así. Es cierto que la velocidad de la luz en el vacío es un límite inquebrantable para el movimiento de la materia, pero la clave está en comprender que no son las galaxias en sí mismas las que se desplazan a velocidades superiores a la luz, sino que es el espacio entre ellas el que se estira. Esto es similar al ejemplo del pastel y las pasas: las pasas (galaxias) no se mueven por sí solas, sino que se separan porque el pastel (espacio) se expande.

Según la relatividad general de Einstein, no existe ninguna ley que impida que el espacio-tiempo se expanda a una velocidad mayor que la de la luz, puesto que el espacio-tiempo es geometría, no materia. De hecho, hay galaxias que se alejan de nosotros a una velocidad mayor que la de la luz, aunque esto no se interprete como un movimiento, no sea *velocidad*, en el sentido convencional. La consecuencia, de un modo fascinante, es que la luz emitida por esas galaxias, al alejarse más rápido que la velocidad de la luz debido a la expansión del Universo, nunca podrá llegar hasta nosotros. En otras palabras, esas galaxias están cruzando un **umbral cósmico**; dejan de ser visibles y quedan fuera de nuestro alcance para siempre, como si pertenecieran a otro Universo.

En términos cósmicos, esto significa que la luz emitida hoy por esas galaxias lejanas no podrá nunca compensar la expansión del espacio, por lo que jamás llegará a nuestra posición. Desde nuestra perspectiva, estas galaxias desaparecerán lentamente de nuestra vista al cruzar lo que llamamos el horizonte cosmológico. Todo lo que se encuentre más allá de este límite, desde nuestra posición, no podrá afectarnos ni ser detectado.

Para que puedas hacerte una idea de este horizonte que marca los límites de lo que podemos observar del Universo desde nuestra perspectiva, puedes realizar este sencillo ejercicio: imagina que estás en un pequeño barco en medio del mar, sin ninguna referencia geográfica a la vista, solo el inmenso océano. Si das una vuelta completa sobre ti mismo y observas todo lo que te rodea, verás un disco conformado por el mar que se extiende hasta cierta distancia; esa es tú burbuja, es decir, tu Universo observable, y tú te encuentras en el centro de ese círculo que rodea tu visión. Ahora imagina que, más allá de tu propio Universo observable, hay otra persona en otra pequeña barca. Esa persona, igualmente, tendría su propio círculo de visión, es decir su Universo observable, y se encontraría en el centro de ese círculo de visión. Sin embargo, ninguno de los dos podríais ver al otro, ya que vuestros horizontes no se superponen. De este ejercicio se desprende una conclusión fundamental: en el Universo no existe un centro absoluto. Cualquier observador, sin importar su ubicación, siempre percibe su Universo observable centrado en sí mismo.

Con todo lo expuesto, se vislumbra un panorama muy curioso para el futuro del Universo. A medida que el espacio continúe expandiéndose, un número cada vez mayor de galaxias se alejará de nosotros a velocidades superiores a la luz, hasta desaparecer para siempre más allá de nuestro horizonte cosmológico. ¿Qué implicará esto para el Universo observable? Imagina un futuro extremadamente lejano en el que todas las galaxias que hoy conforman nuestro Universo observable hayan cruzado ese umbral cósmico y dejado de ser visibles para cualquier observador. En ese escenario, lo único que quedaría en el cielo sería nuestra propia galaxia, o más precisamente, lo que resulte de la fusión de la Vía Láctea con Andrómeda y otras galaxias vecinas, formando una nueva y gigantesca estructura galáctica.

La eventual vida que surja en ese futuro se encontrará con una astronomía compuesta por una única galaxia. Es decir, para esos seres, todo el Universo y todo lo existente se resumirán en esa única galaxia que habitan. Entonces, la pregunta es: ¿cómo deducirán que en el pasado el Universo era **multigaláctico**? Para ellos, el cosmos podría parecer estático y eterno, un océano sin horizontes, ya que su Universo observable se limitaría a una sola gran entidad. Esta idea nos recuerda la importancia de nuestro momento cósmico actual.

Vivimos en una era privilegiada para observar el Universo. Contamos con la capacidad de captar tanto la luz de las galaxias más distantes como los ecos del principio mismo del cosmos, lo que nos permite reconstruir la historia del Universo... Nuestra historia.

La energía oscura: el motor de la expansión

Hasta ahora hemos observado que la expansión del Universo provoca que las galaxias se alejen unas de otras y que el espacio mismo se expanda. Sin embargo, lo más sorprendente es que este ensanchamiento es acelerado, un fenómeno tan extraordinario que desafía la intuición y reescribe nuestra comprensión del cosmos. En esta danza cósmica, el espacio se estira, de forma cada vez más vertiginosa, como si una fuerza invisible impulsara al Universo. Esto plantea una pregunta fundamental: ¿qué está impulsando esta expansión? La respuesta —al menos lo que hemos logrado descifrar hasta el momento— radica en una fuerza misteriosa conocida como **energía oscura**. Para entender cómo llegamos a este concepto, debemos retroceder a las ideas de Albert Einstein y explorar los primeros intentos de describir el Universo.

Cuando Einstein formuló su teoría de la relatividad general, se topó con un problema inesperado. Sus ecuaciones indicaban que el Universo no podía ser estático, sino que estaba condenado a expandirse o contraerse bajo la influencia de la gravedad. Sin embargo, la visión predominante en aquella época era la de un **cosmos inmutable**. Para resolver esta aparente contradicción, Einstein introdujo un término adicional en sus ecuaciones, conocido como la constante cosmológica. Este término actuaba como una especie de **antigravedad**, una fuerza repulsiva que equilibraba la atracción gravitacional y mantenía al Universo en un estado estacionario.

A pesar de la elegancia matemática de esta solución, la **constante cosmológica** fue vista únicamente como un parche, un ajuste realizado por Einstein para ajustar su teoría y alinearla con las creencias de su tiempo en lugar de dejar que las predicciones naturales de su ecuación desafiaran las suposiciones establecidas. No fue sino hasta que se comprobó que el Universo estaba en expansión que la constante cosmológica pareció carecer de sentido, motivo por el cual Einstein, avergonzado, lo calificó como «el mayor error de su vida» (aunque ello podría tratarse de una atribución anecdótica). Sin embargo, lo curioso de ese «error» resultó ser uno de los mayores aciertos: décadas más tarde, la constante cosmológica volvería a desempeñar un papel crucial, revelando cuán genial y visionaria era la idea del propio Einstein.

Durante la mayor parte del siglo XX, se asumió que, pese a que el Universo se expandía, la atracción gravitacional de toda la materia contenida en él frenaría dicha expansión. Sin embargo, en la década de 1990 se descubrió algo más sorprendente: las galaxias lejanas no solo se alejaban de nosotros, sino que lo hacían a un ritmo cada vez mayor. La expansión del Universo estaba acelerándose.

Este hallazgo revolucionó nuestra comprensión del cosmos y llevó a los científicos a reconsiderar el papel de la constante cosmológica. La fuerza responsable de esta aceleración, bautizada en 1998 por el astrofísico estadounidense Michael Turner como energía oscura, puede explicarse matemáticamente mediante la reintroducción del término de Einstein en sus ecuaciones. Hoy, lejos de ser un error, la constante cosmológica es fundamental para describir un Universo en aceleración. Pero ¿qué es realmente esta fuerza que domina el destino del cosmos y cuál es su verdadera naturaleza? ¿Cómo sabemos que existe?

La energía oscura es, hasta ahora, uno de los mayores misterios de la física. Constituye aproximadamente el 70 % del contenido total del Universo, aunque su naturaleza exacta sigue siendo desconocida. Sabemos lo que hace, pero no por qué lo hace. Esta fuerza actúa como una presión negativa, una especie de «antigravedad» que no solo contrarresta la atracción gravitacional, sino que la supera a gran escala, impulsando la expansión acelerada del Universo —una descripción que se asemeja a la idea que Einstein ya vislumbró.

Para entender por qué se llegó a la conclusión de que la energía oscura parece ser la culpable de la expansión acelerada, debemos remontarnos a finales del siglo XX, cuando los científicos se propusieron medir la desaceleración de la expansión del Universo, pero no se apreciaba su aceleración. Además, se creía que el Universo estaba compuesto únicamente de materia, de modo que la atracción gravitacional habría ido frenando la expansión con el paso del tiempo. Los científicos decidieron medir esa desaceleración mediante la observación de **supernovas**, explosiones estelares de enorme potencia que marcan el final de ciertas estrellas. Existe un tipo específico de supernovas, cuya uniformidad las convierte en excelentes referencias o «balizas cósmicas», permitiendo detectar su brillo incluso a distancias extraordinarias.

En el Universo, observar objetos lejanos equivale a viajar al pasado, pues los vemos tal como eran cuando emitieron su luz, y no como son en la actualidad. Estas supernovas nos muestran el estado del cosmos de hace miles de millones de años, y al estudiarlas podemos reconstruir la historia del Universo, determinar la velocidad de expansión de aquel entonces y medir la desaceleración.

Para ello, es necesario obtener algunos datos clave de cada supernova. Primero, se calcula su distancia a partir del brillo aparente observado desde la Tierra; cuanto mayor es la distancia, más débil se percibe su luz. Otro dato esencial es el desplazamiento al rojo: la expansión del espacio provoca que la luz se estire mientras viaja hacia nosotros y se desplace hacia longitudes de onda más largas. Este fenómeno, una manifestación del efecto Doppler, ya se había empleado para confirmar que las galaxias se alejaban de nosotros. Por ejemplo, si el Universo ha duplicado su tamaño desde que una supernova emitió su luz, la longitud de onda de esa luz se habrá incrementado en la misma proporción.

Fue así como, en 1999, dos equipos independientes emprendieron un ambicioso proyecto para medir con precisión el brillo y el desplazamiento al rojo de una gran cantidad de supernovas situadas a enormes distancias. Su objetivo era obtener una visión más clara del comportamiento del Universo. Sin embargo, al analizar los resultados se llevaron una gran sorpresa: las supernovas que observaron eran notablemente más débiles de lo previsto por los modelos teóricos. ¿Cómo podía ser esto posible?

Imagina que detectamos una supernova con un determinado desplazamiento al rojo. Si su brillo resulta menor de lo esperado, ello sugiere que la luz debió recorrer una distancia mayor de la prevista para alcanzarnos. Esto implica, además, que el viaje de la luz tomó más tiempo del estimado, revelando algo verdaderamente asombroso: en el pasado la expansión del Universo era más lenta que en la actualidad, lo que indica que su crecimiento se está acelerando. Este descubrimiento no solo marcó un hito en nuestra comprensión del cosmos, sino que también les valió el Premio Nobel a los científicos que lo hicieron posible: **Saul Perlmutter**, **Brian P. Schmidt** y **Adam G. Riess**.

Muchas observaciones han respaldado la aceleración de la expansión del Universo, lo que nos impulsa a buscar una causa para este fenómeno. Es en ese contexto donde aparece la misteriosa energía oscura, el motor de la expansión acelerada. Pero ¿por qué se le denomina «oscura»? Su nombre proviene de que aún desconocemos su naturaleza exacta y, además, se trata de una **fuerza invisible**; solo percibimos su efecto sobre el tejido del espacio, así que las conclusiones sobre ella resultan, en gran medida, interpretativas.

Para ilustrar este concepto, imagina que llenas una caja con materia y luego aumentas su tamaño. La materia se distribuirá por el nuevo volumen y, por lo tanto, su densidad disminuirá a medida que el espacio se expande. Ahora bien, si llenas una caja con energía oscura y la agrandas, sucede algo curioso: la cantidad de energía oscura también aumenta en proporción al nuevo tamaño de la caja. Es decir, no ocurre lo mismo que con la materia. Esta energía misteriosa parece estar íntimamente vinculada al propio espacio. A medida que este crece, la energía oscura también lo hace. Surge entonces la pregunta: ¿existe algo en el Universo que se comporte de manera semejante? Para buscar una respuesta, debemos adentrarnos en otro campo de la física: la física de partículas.

Según el modelo estándar, las partículas no son objetos aislados, sino ondulaciones en campos fundamentales que se extienden por todo el espacio, como si fuera un vasto océano y sus olas fueran las partículas. Estos campos existen incluso en ausencia de partículas, y sus fluctuaciones aportan al vacío una energía inherente. Por ello, al aumentar el volumen de una «caja», el vacío contenido en ella también se expande. Esta energía fundamental, conocida como **energía de vacío**, no puede eliminarse y podría ser la responsable de lo que llamamos energía oscura.

Además, cuando se incorpora la energía de vacío en las ecuaciones de la relatividad de Einstein, nos llevamos otra sorpresa: esta se manifiesta como una constante cosmológica. Sorprendentemente, tanto la teoría de la relatividad general como la física de partículas sugieren de forma consistente la existencia de esta constante, una idea que encaja perfectamente con todas las observaciones realizadas hasta la fecha. Esto implica que Einstein tenía razón al incluir la constante cosmológica en sus ecuaciones, a pesar de que en su momento incluso él consideró que se había equivocado por completo. De hecho, aunque no todo esté tan claro cuando hablamos de la energía oscura la que más peso tiene a día de hoy es la de la constante cosmológica.

No obstante, para comprender de forma completa la expansión del cosmos, hace falta otra pieza del rompecabezas: la **materia oscura**. Este enigmático componente se descubrió a partir de un misterio que desafió las leyes de la física visible. En la década de 1930, el astrónomo suizo **Fritz Zwicky** estudió **cúmulos de galaxias** —vastos grupos de cientos o miles de galaxias unidas gravitacionalmente—, y, fijándose en el **cúmulo de Coma**, observó que las galaxias se movían demasiado rápido para la cantidad de materia visible que se podía contabilizar, ya fueran estrellas o gas. Según las leyes de la gravedad, deberían haberse dispersado, pero algo invisible las mantenía juntas. Zwicky denominó a este componente «materia oscura», un nombre que reflejaba su naturaleza, aunque su existencia y características fueron ignoradas durante décadas.

En los años setenta, la evidencia llegó de la mano de la astrónoma **Vera Rubin**, quien estudió la rotación de las **galaxias espirales**. Rubin esperaba que las estrellas situadas en las afueras se movieran más lentamente que las del centro, de acuerdo con las leyes de Newton. Sin embargo, descubrió que todas las estrellas, sin importar su posición, se desplazaban a velocidades casi constantes. Esto implicaba que había una gran cantidad de masa invisible, denominada materia oscura, que envolvía las galaxias en forma de halo. La materia oscura no solo moldea la estructura galáctica, sino que también influye en la expansión del Universo. Durante los primeros mil millones de años posteriores al Big Bang, su gravedad ayudó a frenar la expansión y permitió que la materia visible se agrupara para formar estrellas y galaxias. Aun así, hoy en día, es la energía oscura —una fuerza aún más enigmática— la que domina, y eso provoca que la expansión acelere.

En el Universo observable, solo un 4,6 % es materia normal o visible (la que forma estrellas, planetas y seres vivos, conocida como **materia bariónica**); un 24 % corresponde a la materia oscura, invisible y detectable únicamente por su efecto gravitatorio; y el 71,4 % restante se atribuye a la energía oscura, cuya naturaleza exacta sigue siendo un misterio. Como resume el físico Walter Lewin: «La conclusión es que ignoramos qué es el 96 % de la masa/energía del Universo».

Este interés en comprender la energía oscura no es solo una cuestión teórica o académica, sino que tiene implicaciones directas en la gran pregunta sobre el destino del Universo. Si esta fuerza misteriosa domina el cosmos, podría determinar cómo terminará todo. Los científicos han planteado tres posibles finales, los cuales dependen de la evolución de la energía oscura y de su interacción con el espacio y la materia.

El primer escenario es el **Big Freeze**; al parecer, el más probable. Según este modelo, la energía oscura continuará impulsando la expansión acelerada del Universo de manera constante. Las galaxias se alejarán progresivamente unas de otras hasta que la distancia entre ellas se vuelva tan grande que ni siquiera la luz pueda recorrerla. Con el tiempo, las estrellas se consumirán y el Universo se convertirá en un lugar oscuro, frío y sin actividad, en un estado de **muerte térmica** en el que no habrá suficiente energía libre para que ocurran procesos significativos.

El segundo escenario, más extremo, es el inquietante **Big Rip**. Aquí, la energía oscura no solo acelera la expansión del Universo, sino que lo hace de manera cada vez más agresiva. Si la fuerza de la energía oscura se intensifica con el tiempo, podría superar incluso las fuerzas gravitatorias que mantienen unidas a las galaxias, las estrellas, los planetas e incluso los núcleos atómicos. En el clímax de este proceso, todo el tejido del espacio-tiempo se desgarraría, lo cual llevaría a la destrucción total del Universo tal y como lo conocemos. Un escenario completamente apocalíptico.

El tercer desenlace es el **Big Crunch**. En este caso, si la densidad de la energía oscura disminuyera más rápido que la de la materia, de una manera diferente a lo que observamos actualmente, no sería suficientemente dominante para contrarrestar la gravedad. La expansión se desaceleraría hasta detenerse por completo, y a partir de ese momento la gravedad tomaría el control, haciendo que las galaxias comenzaran a acercarse unas a otras y, eventualmente, colapsaran en un enorme «crujido cósmico». Todo el espacio, la materia y la energía se condensarían en un único punto, similar al estado inicial del Universo en el Big Bang. Quizá, tras este colapso, podría surgir algo nuevo que diera inicio a otro Big Bang, a un nuevo ciclo.

Y es aquí, en ese ciclo, entre el Big Crunch y otro posible Big Bang, donde se establecen fascinantes conexiones con el origen del Universo. ¿Podría el final conducirnos de vuelta al principio?

8
BIG BANG: EL ORIGEN

Desde que emprendimos este viaje por el Universo, nos hemos alejado cada vez más del lugar que conocemos: la Tierra, atravesando escalas cada vez mayores del cosmos. Partimos desde nuestro pequeño rincón en la inmensidad, exploramos la Luna y los planetas vecinos, cruzamos el Sistema Solar y nos aventuramos hacia otras estrellas. Hemos observado mundos lejanos orbitando soles distantes y nos hemos preguntado si en alguno de ellos podría existir vida. Luego, dimos un paso más y nos adentramos en la estructura de las galaxias, enredadas en un baile gravitacional, y en los hilos invisibles que conectan el Universo. Comprendimos la curvatura del espacio-tiempo, exploramos el enigma de los agujeros negros y descubrimos finalmente cómo el propio cosmos se expande, estirándose continuamente con cada segundo que transcurre.

Lo fascinante es que, al mirar el cielo, en realidad estamos echando la vista atrás en el tiempo. Cuanto más profundo escudriñamos el cosmos, más nos acercamos a su infancia. Ahora, hemos llegado al límite, al umbral donde el tiempo y el espacio parecen haber tenido su origen: el momento cero, el punto de partida de todo. Pero ¿qué ocurrió realmente en ese instante? ¿Cómo hemos reconstruido la historia del Universo hasta su nacimiento?

La primera luz del cosmos

Imagina que pudieras comprimir todo el Universo en la palma de tu mano: cada galaxia, cada estrella, cada partícula de polvo cósmico... todo reducido a un punto inimaginablemente denso y caliente. Aunque parezca absurdo, todo apunta a que nuestro Universo fue así en sus primeros años de vida. Sin embargo, ¿cómo lo sabemos?

No podemos retroceder en el tiempo y observarlo con nuestros propios ojos, pero el Universo nos ha dejado pistas. Cada vez que observamos una estrella lejana, estamos viendo su pasado: la luz que emitió hace millones, o incluso miles de millones de años. Pero si seguimos retrocediendo, llegamos al eco más antiguo del espacio: el **fondo cósmico de microondas** (CMB). Esta radiación es la prueba de un Universo que, alguna vez, fue mucho más pequeño, caliente y denso.

La radiación del fondo cósmico de microondas es el eco fósil del Universo primitivo, originado unos 380.000 años después del Big Bang, cuando la materia y la radiación se desacoplaron. Este resplandor primigenio, la radiación electromagnética más antigua que podemos detectar, no es como la de las estrellas o la de las galaxias que vemos en el cielo, es un resplandor tenue que impregna todo el cosmos. Y, aunque parece uniforme, presenta pequeñas fluctuaciones que revelan su estructura primitiva.

El hallazgo del CMB fue un momento clave en la historia de la cosmología. En 1964, los astrónomos **Arno Penzias** y **Robert Wilson**, trabajando en una antena de radio en los Laboratorios Bell de Nueva Jersey, se encontraban utilizando el instrumento para mejorar las comunicaciones por satélite, sin que su objetivo estuviera relacionado con el origen del Universo. Sin embargo, algo extraño ocurría: sin importar hacia dónde apuntaran la antena, detectaban una señal de ruido de fondo persistente. Esta interferencia no provenía de la Tierra, del Sol ni de ninguna otra fuente conocida. Intentaron de todo para eliminarla, incluso limpiaron los excrementos de las palomas que habían anidado en la antena y que tal vez podían estar causando el problema. Sin embargo, el ruido continuaba.

Finalmente, resultó que el sonido que oían era el eco residual de una radiación débil y homogénea en todas direcciones, investigada por un grupo de físicos teóricos en la Universidad de Princeton —liderado por Robert Dicke y Jim Peebles— que estaba buscando pruebas a propósito del Big Bang. Según sus cálculos, el Universo debía de estar lleno de un resplandor residual, una radiación débil y homogénea en todas direcciones. Cuando Penzias y Wilson se enteraron del trabajo de Princeton, se dieron cuenta de que su «interferencia» no era un error, sino la señal que confirmaba la **teoría del Big Bang**. Habían detectado el eco más antiguo del Universo, una radiación que ha viajado durante 13.800 millones de años, pero cuyo origen se encuentra ahora a una distancia mucho mayor debido a la expansión cósmica; en efecto, las regiones que emitieron el CMB que observamos están a unos 45.000 millones de años luz de distancia.

Gracias a este descubrimiento, Penzias y Wilson ganaron el Premio Nobel de Física en 1978 y su hallazgo se convirtió en un hito que respaldó el modelo del Big Bang como la mejor explicación del origen del Universo. Pero este hallazgo no solo indica que el Universo tuvo un comienzo caliente y denso, sino que también nos permite conocer su evolución. Mediante el estudio detallado de esta radiación, los cosmólogos han podido extraer información sobre la composición, la geometría y el destino del cosmos.

Uno de los mayores avances en este campo se produjo con la **misión COBE** (Cosmic Background Explorer) de la NASA, lanzada en 1989. Sus mediciones confirmaron que el fondo cósmico de microondas no era perfectamente uniforme, sino que presentaba pequeñas variaciones de temperatura, **anisotropías** que revelaban las semillas de las estructuras cósmicas. Estas diminutas fluctuaciones reflejaban diferencias en la densidad del Universo primitivo, zonas donde la gravedad comenzó a atraer materia, un proceso que dio origen a galaxias y cúmulos de galaxias. Fue la primera vez que los astrónomos pudieron observar la estructura del Universo en su infancia.

Más tarde, misiones como **WMAP** (Wilkinson Microwave Anisotropy Probe) y **Planck** refinaron estas mediciones, y permitieron a los científicos determinar parámetros clave del cosmos con una precisión sin precedentes. Por ejemplo, sabemos que el Universo está compuesto en su mayoría por elementos que no podemos ver directamente, como la materia oscura y la energía oscura, como vimos en el capítulo anterior. Además, estas mediciones han permitido calcular con gran precisión la edad del Universo. A través del análisis de las fluctuaciones del fondo cósmico de microondas y de la combinación de estos datos con la tasa de expansión del Universo, los científicos han determinado con gran precisión que nuestro cosmos tiene aproximadamente 13.800 millones de años.

Cada nuevo estudio de esta radiación milenaria nos acerca más a desentrañar la historia del Universo. Pero existe un límite: antes de que el cosmos tuviera 380.000 años, la luz no podía viajar con libertad porque el Universo estaba constituido por un plasma extremadamente caliente y denso, en el que electrones y protones se movían sin restricciones, dispersando continuamente los fotones. En este estado, el Universo era opaco, como si estuviera envuelto en una neblina impenetrable. Cuando la temperatura descendió lo suficiente como para permitir que los protones y electrones se combinaran y formaran los primeros átomos neutros, el cosmos se volvió transparente. En ese instante, la luz que antes estaba atrapada pudo finalmente propagarse a través del espacio, dando origen a la radiación de fondo de microondas que hoy detectamos.

Este fenómeno marca el límite temporal más lejano que podemos «ver» mediante la luz. Más allá de ese momento, cualquier información sobre el Universo primitivo no puede obtenerse a través de observaciones de radiación electromagnética, sino a través de otras herramientas teóricas y experimentales, como la **física de partículas** y las **ondas gravitacionales primordiales**.

A pesar de esta barrera, la ciencia no se detiene. La física moderna nos ofrece pistas para ir más allá. La **mecánica cuántica**, que describe el comportamiento de la materia y la energía a escalas diminutas, desempeña un papel clave en nuestra comprensión del Universo primitivo. Cada indicio nos acerca más a la gran pregunta: ¿qué ocurrió en el mismísimo instante del Big Bang? Para responder a ello, debemos retroceder aún más en el tiempo, hasta el instante mismo en que surgieron el espacio y el tiempo.

Cuando el Universo fue más pequeño que un átomo

Nuestro vasto Universo, compuesto por incontables galaxias, se extiende formando una especie de entramado que mantiene una apariencia bastante uniforme, más allá de hacia dónde dirijas la mirada. Es decir, que si lo observamos a gran escala, alejándonos unos cientos de millones de años luz, se muestra sorprendentemente homogéneo en términos estadísticos. Es algo así como observar un bosque desde una gran altura: lo que se distingue es una mancha verde, sin que se puedan apreciar demasiados detalles. Esta característica tiene una consecuencia crucial, que justamente ya conoces: Einstein, mediante su teoría de la relatividad general, nos enseñó que la materia y la energía no son simples pasajeras del espacio-tiempo, sino que influyen en su comportamiento y lo modifican.

En un cosmos en el que la materia y la energía están distribuidas de manera aproximadamente uniforme, el propio espacio-tiempo se adapta a esta distribución, lo que da lugar a la expansión del Universo. La naturaleza de esta expansión depende de la cantidad y el tipo de energía presentes, como la enigmática energía oscura que actualmente acelera el crecimiento cósmico. Pero ¿qué relación existe entre la expansión y el Big Bang?

Ahora que ya conoces el fenómeno de la expansión, puedes plantearte una pregunta clave: ¿qué sucedería si rebobináramos la película? Si hoy las galaxias se alejan constantemente unas de otras, es lógico suponer que en el pasado estaban cada vez más cerca. Y si seguimos retrocediendo, llegaremos inevitablemente a un momento en que todo lo que ahora compone el Universo estuvo concentrado en una región diminuta, con una densidad y temperatura inimaginables.

En ese remoto instante, hace aproximadamente 13.800 millones de años, todo lo que hoy conocemos estaba comprimido en una singularidad: un punto de energía pura, inimaginablemente denso y caliente. En ese momento, ni el tiempo ni el espacio existían tal como los concebimos hoy. Y entonces, sucedió... En una fracción de segundo, el Universo atravesó un proceso de inflación cósmica, una expansión vertiginosa e inimaginablemente rápida que ocurrió a la vez en todas partes. No hubo un punto de origen ni una explosión en un espacio preexistente; en su lugar, el propio espacio-tiempo se expandió de forma colosal, hasta multiplicar asombrosamente su tamaño en un instante. Por ello, el término «Big Bang» resulta engañoso, ya que no se trató de una explosión en el sentido convencional, sino de una rápida expansión. Para que te hagas una idea de lo inconcebible que fue este proceso, la inflación cósmica duró apenas entre 10^{-36} y 10^{-32} segundos. En el mismo lapso de tiempo que la luz tardaría en atravesar un átomo, el Universo pasó de ser microscópico a alcanzar dimensiones colosales.

Ese momento marcó el nacimiento del tiempo, de la materia y de las fuerzas fundamentales que gobiernan el cosmos. En ese primer instante, tras la inflación, el Universo quedó inundado por un océano de partículas elementales en

equilibrio térmico, un caldo primigenio de energía extrema donde interacciones violentas definían su evolución. La elevada energía del Universo permitía la creación y aniquilación constante de pares de partículas y antipartículas. Entre ellas se encontraban los **quarks**, bloques de construcción de protones y neutrones, y los **gluones**, responsables de la interacción fuerte que los mantiene unidos. Pero en este entorno primigenio se libraba una batalla cósmica: por cada partícula existía una **antipartícula**. Cuando estas se encontraban, se aniquilaban, y se liberaba energía en forma de luz pura.

A medida que el Universo se expandía y enfriaba, aproximadamente una millonésima de segundo después del Big Bang, la energía descendió lo suficiente como para que los quarks quedaran confinados en **hadrones**, formando protones y neutrones. Aunque breve, esta era fue crucial: sin protones, no habría átomos y, sin átomos, no existirían las estrellas ni la vida. Los **neutrinos**, esas partículas fantasmales casi imposibles de detectar, escaparon hacia la vastedad del cosmos. Hoy en día, miles de millones de neutrinos atraviesan tu cuerpo cada segundo; la mayoría provienen del Sol y otras fuentes cósmicas, aunque algunos son reliquias del Big Bang.

Mientras tanto, los fotones, partículas de luz, no tuvieron tanta suerte. Quedaron atrapados en una densa niebla cósmica, rebotando constantemente contra electrones libres, por lo que el Universo en este momento seguía siendo opaco, un lugar en el que la luz no podía viajar con libertad. Cuando la temperatura descendió lo suficiente, los protones y los neutrones comenzaron a fusionarse y a formar los primeros núcleos de hidrógeno y helio. Pero aún seguíamos con temperaturas de miles de millones de grados. El Universo seguía siendo una sopa incandescente de plasma, donde los electrones aún no estaban ligados a los núcleos. Finalmente, unos 380.000 años después del Big Bang, el Universo se enfrió lo bastante como para que los electrones se unieran a los núcleos y formaran átomos estables. Este evento transformó el Universo, lo convirtió en transparente y permitió que los fotones viajaran por fin libremente. Es esta luz primigenia la que nuestros instrumentos detectan hoy: ¡la radiación de fondo de microondas! La fotografía de nuestro Universo en su infancia.

Durante un largo periodo tras la liberación de la luz, el Universo quedó sumido en una oscura tranquilidad; solo había hidrógeno frío disperso por el espacio. Sin embargo, la gravedad empezó a hacer su trabajo y agrupó ese gas en enormes nubes que colapsarían para formar las primeras estrellas. Estas estrellas primigenias vivieron y murieron de forma efímera al explotar como supernovas, un proceso que generó elementos pesados esenciales para la formación de nuevas estrellas, planetas y, eventualmente, la vida misma.

Cabe señalar que los astrónomos aún no han observado directamente estas primeras estrellas, ya que su luz no es lo suficientemente brillante para ser detectada, ni siquiera con los telescopios más potentes. Mientras tanto, la gravedad continuó moldeando el Universo, reuniendo las estrellas en vastas estructuras que se transformarían en galaxias. Algunas se agruparon en cúmulos galácticos, mientras que otras se fusionaron para formar gigantes cósmicos. Así, el Universo comenzó a tomar la forma que conocemos hoy: una vasta red de filamentos cósmicos entrelazados con vacíos oscuros.

Y tras 13.800 millones de años de un proceso tan increíble y complejo, en un modesto rinconcito de una galaxia espiral llamada Vía Láctea se formó un planeta que orbita una estrella, perdida entre otros cientos de miles de millones más. Allí, ahora, te encuentras tú leyendo este libro, escrito por mí, un chico nacido en el mismo planeta que tú, en una pequeña isla del océano Atlántico llamada Gran Canaria. Como dijo Carl Sagan, somos polvo de estrellas. Y es que, tras todo ese prolongado y complejo proceso de miles de millones de años, hoy existe vida consciente que intenta comprender el propio cosmos. En esencia, somos el Universo contemplándose a sí mismo.

Historia del Universo en una línea temporal cósmica

0 SEGUNDOS: EL BIG BANG

El Universo nace con una expansión vertiginosa a partir de un punto increíblemente denso y caliente. No existen estrellas ni galaxias, solo energía pura.

10^{-36} A 10^{-32} SEGUNDOS: INFLACIÓN CÓSMICA

El espacio-tiempo se expande exponencialmente, creciendo en 10^{78} veces su tamaño en una fracción de segundo. Todo lo que existe se convierte en un océano de energía cuántica.

10^{-6} SEGUNDOS: CONFINAMIENTO DE QUARKS Y GLUONES

La energía se transforma en partículas: los quarks se combinan para formar protones y neutrones. La estructura básica de la materia está naciendo.

1 segundo: Desacoplamiento de los neutrinos

Los neutrinos dejan de interactuar con la materia y emprenden su viaje eterno por el cosmos. Hoy, miles de millones de ellos atraviesan tu cuerpo cada segundo.

10 segundos a 20 minutos: Nucleosíntesis primordial

Los protones y neutrones comienzan a fusionarse, formando núcleos de hidrógeno, helio y pequeñas trazas de litio y deuterio. Aún no se forman átomos completos, solo núcleos.

380.000 años: La recombinación, el Universo se vuelve transparente

La temperatura desciende a unos 3.000 K. Esto permite que los electrones se unan a los núcleos y formen los primeros átomos neutros. Los fotones quedan libres y la luz del Universo primitivo inicia su viaje. Es la radiación de fondo de microondas, la primera «fotografía» del cosmos.

380.000 años - 100 millones de años: La Edad Oscura

Durante este periodo, no existen estrellas; solo un gas frío de hidrógeno y helio en la inmensidad del cosmos. La gravedad trabaja en silencio, reuniendo la materia en gigantescas nubes.

100-200 millones de años: Nacen las primeras estrellas (Población III)

Gigantes azules, miles de veces más masivos que el Sol, iluminan el Universo. Viven brevemente y mueren en supernovas, sembrando elementos pesados; algunas colapsan para formar los primeros agujeros negros.

500 millones de años: Formación de las primeras galaxias

Las estrellas se agrupan en galaxias. La gravedad comienza a tejer la red cósmica, una inmensa estructura de filamentos de materia y vacíos oscuros.

1.000 millones de años: Reionización del Universo

La radiación de las primeras estrellas y galaxias ioniza el hidrógeno neutro, despejando el cosmos y volviéndolo nuevamente transparente.

9.000 millones de años: Formación del Sol y el Sistema Solar (4.600 millones de años)

En un rincón de la Vía Láctea, una nube de gas y polvo colapsa para dar origen a una estrella modesta: nuestro Sol. Alrededor, el polvo y los escombros comienzan a agruparse para formar planetas.

9.200 MILLONES DE AÑOS: NACE LA TIERRA (4.540 MILLONES DE AÑOS)

Un pequeño planeta rocoso se forma alrededor del Sol. Su atmósfera primitiva es tóxica, su superficie está en ebullición y es bombardeada por asteroides, pero, contra todo pronóstico, es el lugar donde la vida nacerá.

10.000 MILLONES DE AÑOS - APARECEN EL AGUA Y LA VIDA (3.800 MILLONES DE AÑOS)

La lluvia cae por primera vez sobre la Tierra. En los océanos primitivos, las primeras formas de vida microscópica inician su camino hacia la evolución.

Y antes del Big Bang... ¿qué había?

Esta es la gran pregunta que desafía los límites de nuestro conocimiento. Si todo lo que conocemos tuvo su origen en el Big Bang, ¿qué existía antes de él? La cuestión no es solo filosófica, sino también física. Según nuestros modelos actuales, la respuesta resulta mucho más compleja de lo que podría parecer. Sin embargo, es importante tener en cuenta que nos adentramos en terreno completamente especulativo, donde la ciencia aún no ha encontrado pruebas definitivas que respalden estas hipótesis.

La teoría del Big Bang describe la evolución del Universo desde una singularidad, un punto inimaginablemente denso y caliente donde las leyes de la física tal como las conocemos dejan de ser válidas. Sin embargo, esta teoría no nos dice qué ocurrió antes ni si ese «antes» tiene siquiera sentido, pues el tiempo y el espacio, tal como los concebimos, emergieron con el Big Bang. En otras palabras, la noción de «antes» podría no tener significado en un contexto en el que las dimensiones temporales y espaciales aún no existían.

Sin embargo, la física cuántica ofrece una perspectiva diferente. Según algunos modelos, el Universo podría haber surgido de una fluctuación cuántica en el **vacío cuántico**, una especie de mar efervescente de energía donde las partículas aparecen y desaparecen constantemente. Estas fluctuaciones permitirían la generación espontáneamente de partículas y antipartículas, lo que, en circunstancias excepcionales, podría dar lugar a la formación de un Universo completo. Este enfoque sugiere que el cosmos pudo originarse sin necesidad de una causa externa, simplemente como manifestación de las leyes fundamentales de la mecánica cuántica.

No obstante, la unificación de la mecánica cuántica y la relatividad general sigue siendo uno de los mayores desafíos de la física teórica. Mientras la relatividad general describe la gravedad como la curvatura del espacio-tiempo causada por la masa y la energía, la mecánica cuántica opera en un marco probabilístico, en el que las partículas pueden existir en estados superpuestos y cuyas propiedades están sujetas al **principio de incertidumbre de Heisenberg**. Estas dos teorías funcionan de manera extraordinaria en sus respectivos ámbitos —la relatividad en el mundo macroscópico y la cuántica en el microscópico—, pero sus principios parecen incompatibles cuando se trata de describir fenómenos extremos, como el origen del Universo o los agujeros negros. La teoría de la gravedad cuántica busca reconciliar esta brecha, explorando ideas como la **espuma cuántica** de Wheeler, donde el espacio-tiempo a escalas minúsculas sería caótico y fluctuante.

En la vida cotidiana, imaginamos el espacio-tiempo como una especie de «escenario» continuo y uniforme sobre el que se desarrollan los eventos cósmicos. Sin embargo, al acercarnos a escalas ultramicroscópicas (alrededor de la longitud de Planck, unos 10^{-35} metros), esa imagen clásica pierde su sentido. El físico John Wheeler propuso que, en esas escalas diminutas, el espacio-tiempo no es una superficie lisa, sino una estructura «espumosa» y caótica, caracterizada por fluctuaciones cuánticas constantes. Esto se debe a que, según la mecánica cuántica, a escalas extremadamente pequeñas, ni la energía ni la geometría del espacio-tiempo pueden estar definidas con precisión.

Imagina el océano: desde lejos parece una superficie lisa, pero al acercarte descubres que está lleno de olas, espuma y movimientos impredecibles. De manera similar, la «espuma cuántica» se refiere a la idea de que, a escalas ultramicroscópicas, el espacio-tiempo no es un continuo uniforme, sino una estructura en constante agitación. Pequeñas «burbujas» de espacio-tiempo emergen y desaparecen, y diminutos **agujeros de gusano** se forman y colapsan constantemente en un caos borroso e indeterminado. Si esta imagen es correcta, la noción clásica de un «espacio-tiempo continuo» dejaría de ser válida a escalas ultrapequeñas, lo que implica que el espacio-tiempo posee una estructura cuántica fundamental.

Otra propuesta es la hipótesis del **Universo sin fronteras** de Hawking y Hartle, que sugiere que el tiempo podría ser una dimensión finita pero sin un borde definido, lo cual elimina la necesidad de un «inicio» absoluto.

Uno de los grandes misterios del cosmos es si existió un «antes» del Big Bang. La relatividad general predice que, al retroceder en el tiempo hasta el Big Bang, se alcanza una singularidad, un punto donde la densidad y la temperatura del Universo serían infinitas y donde las ecuaciones de la física dejarían de tener sentido. Para evitar este problema, Stephen Hawking y James Hartle propusieron, en la década de 1980, un modelo basado en la mecánica cuántica: el Universo sin fronteras. Según esta hipótesis, en sus orígenes el tiempo no se comportaría como lo imaginamos.

Piensa en la superficie de la Tierra: puedes viajar hacia el norte y continuar hasta llegar al Polo Norte, pero allí se detiene la dirección «norte»; más allá, el concepto mismo de norte deja de tener sentido. Según Hawking y Hartle, ocurre algo similar con el tiempo: al retroceder hasta el inicio del Universo, este se comporta de forma análoga a una dimensión espacial, suavizándose en un estado sin bordes ni un punto de inicio absoluto. En otras palabras, en lugar de haber un «primer instante» del tiempo, como sugiere la imagen clásica del Big Bang, el tiempo emergería gradualmente de un estado cuántico sin un comienzo definido. Este modelo elimina la necesidad de un «antes» del Big Bang, ya que el tiempo mismo se transforma en una dimensión sin frontera, evitando la singularidad problemática que predice la relatividad general.

Estas hipótesis son intentos de entender cómo la gravedad y la mecánica cuántica pueden coexistir. Aunque aún no contamos con pruebas experimentales directas de ninguna de ellas, nos permiten imaginar un Universo en el que el espacio y el tiempo no son entidades rígidas y absolutas, sino estructuras dinámicas y fluctuantes.

Una de las propuestas más prometedoras en la búsqueda de esta unificación es la **teoría de cuerdas**, que postula que las partículas fundamentales no son especialmente partículas puntuales, sino diminutas cuerdas vibrantes. Las diferentes frecuencias de vibración de estas cuerdas determinarían las propiedades de las partículas. Esta teoría no solo intenta unificar la gravedad con las otras fuerzas fundamentales, sino que también sugiere la existencia de dimensiones adicionales, más allá de las cuatro que percibimos. Al extenderse en dimensiones extra, la teoría de cuerdas podría ofrecer una descripción más profunda de la estructura del Universo y su origen.

Además, si estas dimensiones adicionales realmente existen, podrían desempeñar un papel crucial en la estructura del cosmos y en la naturaleza de las fuerzas fundamentales. Por ejemplo, algunas variantes de la teoría de cuerdas sugieren que la gravedad resulta mucho más débil en comparación con las otras fuerzas porque, a diferencia de estas, se propaga a través de todas las dimensiones, diluyéndose en una realidad más extensa de lo que podemos percibir.

Asimismo, dentro del marco de la teoría de cuerdas, surge la **hipótesis del multiverso**, según la cual nuestro Universo sería solo uno entre un número infinito de Universos, cada uno con sus propias leyes físicas, determinadas por las diferentes vibraciones de las cuerdas. Esta idea adquiere sentido si consideramos que nuestro Universo parece tener las condiciones perfectas para el surgimiento de la vida tal y como la conocemos. Al haber incontables cosmos con leyes físicas diversas, resulta más probable que, en alguno de ellos, se den las condiciones necesarias para que surja alguno que se rija por las mismas leyes que el nuestro, de tal manera que sea estable y, por ende, pueda surgir la vida. En este panorama, el Big Bang no sería un evento único, sino una manifestación de interacciones más amplias en un paisaje cósmico más vasto. Aunque aún no existen pruebas definitivas de estas ideas, constituyen un terreno fascinante de exploración científica que podría cambiar nuestra comprensión fundamental de la realidad.

Otra posibilidad, explorada por algunos modelos cosmológicos, es que el Universo no haya surgido de un inicio absoluto, sino que forme parte de un ciclo eterno de expansiones y contracciones. En este escenario, conocido como el **modelo del Universo oscilante o cíclico**, el Big Bang no es un punto de origen único, sino una fase de transición dentro de un proceso continuo. Según esta hipótesis, el Universo podría haberse expandido a partir de un estado extremadamente denso, evolucionando hasta alcanzar una fase de expansión acelerada, para, en algún momento futuro, detenerse y colapsar nuevamente en un estado ultracompacto, solo para reiniciar el ciclo con un nuevo Big Bang.

Uno de los atractivos de estos modelos es que evitan la singularidad inicial predicha por la relatividad general, sustituyéndola por una sucesión de fases en las que el Universo se contrae y vuelve a expandirse. Existen distintas versiones de esta idea: algunos modelos sugieren que la contracción es completa, dado lugar a un nuevo Big Bang, mientras que otros proponen que el Universo rebota antes de alcanzar un estado de densidad infinita.

Estos escenarios han sido impulsados por avances en la gravedad cuántica de lazos y en ciertas versiones de la teoría de cuerdas, las cuales permiten la posibilidad de un **rebote cuántico** en lugar de una singularidad. Además, existen modelos inspirados en la **cosmología bránica**, según los cuales nuestro Universo tridimensional podría ser una membrana (*brane*) dentro de un espacio de dimensiones superiores, y los choques entre estas branas podrían generar ciclos de expansión y contracción.

Sin embargo, aunque estas ideas resultan sugerentes, aún carecen de evidencia experimental sólida. La detección de ciertas señales en el fondo cósmico de microondas o la observación de patrones específicos en la distribución de galaxias podría, en el futuro, aportar indicios a favor o en contra de estos modelos. Pero por ahora, el misterio del origen del Universo sigue abierto y, con él, el desafío de encontrar una teoría unificada que logre explicar todas las fuerzas fundamentales de la naturaleza en un marco coherente.

La pregunta sobre qué hubo antes del Big Bang sigue abierta y quizá nunca tenga una respuesta definitiva. Tal vez, como dijo Carl Sagan:

> Si la imagen general de un Universo en expansión y un Big Bang es correcta, ¿qué pasó antes de eso? ¿Estaba el Universo desprovisto de toda materia, y luego la materia se creó de repente de la nada? ¿Cómo sucedió? En muchas culturas es costumbre responder que Dios creó el Universo de la nada. Pero si deseamos perseguir la pregunta de manera valiente, debemos, por supuesto, cuestionarnos lo siguiente: ¿de dónde vino Dios? Si decidimos que esta es una pregunta sin respuesta, ¿por qué no ahorrar un paso y concluir que el origen del Universo es una pregunta sin respuesta? O, si afirmamos que Dios siempre ha existido, ¿por qué no ahorrar un paso y concluir que el Universo ha existido siempre?

El Universo nos confronta con su inmensidad, nos desafía con su misterio y nos seduce con su esplendor. En este escenario, donde la razón y el asombro se entrelazan, nos enfrentamos a una verdad ineludible: aún no podemos afirmar con certeza si el cosmos requiere o no de un creador. Nos encontramos en la frontera entre el conocimiento y la incertidumbre, en un delicado equilibrio entre lo que creemos comprender y aquello que, por el momento, se escapa a nuestra comprensión.

La física moderna nos ofrece la fascinante posibilidad de que el Universo haya surgido sin la necesidad de una causa externa. Sin embargo, que una teoría sugiera que un creador o una causa no sea imprescindible no implica que la cuestión se haya resuelto de manera definitiva. Cuando hablo de «creador», también puedo referirme al conjunto de las leyes de la naturaleza, y no únicamente a un ser consciente. Podemos maravillarnos ante la estructura misma del espacio y del tiempo, la danza de las galaxias y las ecuaciones que revelan el orden subyacente de la realidad. Porque, si existiera un creador, entonces estudiar el cosmos sería una forma de adentrarnos en su mente, en su gran diseño; y si no lo hubiera, el Universo seguiría siendo igual de bello, igual de elegante e igual de digno de ser explorado y admirado.

La ciencia, y en particular la física, no niega rotundamente la existencia de un creador o diseñador del Universo. Más bien, la cuestión de un creador queda fuera del alcance del método científico, ya que este se centra en estudiar fenómenos observables a través de hipótesis comprobables y replicables mediante experimentos. Los físicos y cosmólogos exploran cómo funciona el Universo y buscan explicaciones naturales para su origen, evolución y leyes fundamentales.

Por ejemplo, el modelo del Big Bang explica cómo pudo comenzar el Universo a partir de un estado extremadamente denso y caliente, pero no pretende abordar el porqué último de su existencia.

Algunos científicos, como Stephen Hawking, han argumentado que el Universo puede surgir de la nada gracias a las leyes físicas, sin necesidad de intervención divina. Otros, como Albert Einstein, se referían a una **mente superior** no en un sentido religioso tradicional, sino como una metáfora que alude a la elegancia y coherencia de las leyes naturales.

Tal vez la conciencia no sea más que el Universo intentando comprenderse a sí mismo, cuestionándose su origen, su destino y buscando sentido y propósito. Pero ¿y si el Universo no tuviera un propósito más allá del que nosotros le otorgamos? ¿Y si, en lugar de estar escrito en las estrellas, el sentido del cosmos dependiera de cómo decidamos interpretarlo? Quizá ahí radique la verdadera maravilla: que cada uno de nosotros, a través de nuestro asombro y nuestra búsqueda, sea capaz de tejer significado en la vastedad del Universo.

Buscamos respuestas, nos debatimos entre la razón y el misterio, entre la fe y la duda, entre la certeza y lo inalcanzable. Pero también debemos reconocer que hay preguntas que pueden no tener respuesta, o que, al menos, podrían estar más allá de nuestro alcance. En esa humildad, en esa conciencia de nuestros límites, se halla una belleza singular. El Universo no nos debe explicaciones ni tiene la obligación de tener sentido para nosotros; somos nosotros quienes, con nuestras preguntas y nuestro afán de comprender, le damos sentido. Al fin y al cabo, sabemos que la velocidad de la luz y las leyes de la física son absolutas, pero en cuanto a todo lo demás, todo es relativo.

Es así como llegamos al final y al principio de este increíble viaje por el cosmos, que nos ha llevado desde nuestro pequeño rincón de la Vía Láctea en ese pequeño punto azul pálido, la Tierra, hasta los orígenes del espacio y el tiempo. La historia del Universo es también nuestra historia. Estamos hechos de los mismos elementos forjados en el corazón de las estrellas y, al contemplar el cielo nocturno, en realidad nos miramos en un espejo cósmico, conociéndonos un poco más. Quizá el mayor descubrimiento no sea qué hubo antes del Big Bang, sino lo que vamos descubriendo en el proceso: que somos parte de este vasto y misterioso cosmos, un pequeño destello de conciencia en la inmensidad del espacio y el tiempo. Y, sobre todo, darnos cuenta de que, si las estrellas no existieran, nosotros tampoco existiríamos.

AGRADECIMIENTOS

Este libro existe gracias a ustedes, mis seguidores. A quienes han convertido cada vídeo en una conversación infinita sobre el universo, a quienes han estado ahí desde el principio y a quienes se han sumado en el camino. Más de un millón de personas que, día tras día, ven mis videos, comentan, comparten y mantienen viva esta comunidad que sigue mirando al cielo con asombro. Este libro es tan suyo como mío.

Pero la semilla de todo esto se plantó mucho antes, cuando era un niño que, como tantos otros, levantaba la vista al cielo preguntándose qué había más allá. Y en esa curiosidad temprana, mi padre tuvo mucho que ver. Antes de que yo llegara al mundo, él ya pasaba noches enteras contemplando las estrellas y haciéndose preguntas, y cuando crecí, me enseñó a hacer lo mismo. En casa, cualquier momento podía convertirse en una charla sobre el cosmos o cualquier tema científico en general. Mi madre, siempre presente, escucha con paciencia cada una de esas conversaciones interminables en las que mi padre, mi hermano y yo desmenuzamos los misterios del universo. Pero el papel de mi madre en mi vida va mucho más allá de eso. Su apoyo, su forma de estar siempre ahí, hacen que ocupe un lugar tan especial que ninguna palabra podría describir del todo.

Con el tiempo, esas mismas conversaciones las llevé fuera de casa. Se las conté a amigos, a cualquier persona que quisiera escuchar. Y en algún momento me hice una pregunta distinta: ¿por qué no compartirlas con más gente? Así comenzó todo. Primero con un vídeo, luego con otro, y antes de darme cuenta, había miles, luego cientos de miles, y después millones de personas viendo y escuchando. Pero nada de esto habría sido posible sin la libertad que siempre me dieron mis padres para seguir lo que me apasionaba. Esa libertad es un regalo inmenso, y no hay palabras suficientes para agradecerlo.

Una mención especial se la tiene que llevar mi pareja, Daniela, por estar en mi vida, por ser un pilar fundamental para mí en todo. Por ser un apoyo constante, en cada paso.

A mi editora, Andrea, por la libertad, la cercanía y la paciencia infinita con las entregas, y por hacer que este libro encontrara su mejor forma. También merece una mención mi agencia, Mugan, por encargarse siempre de que todas estas cosas puedan darse de la mejor manera posible.

Y, por supuesto, considero que aquí también tiene que haber un lugar para mi perra, Luna, mi compañera en cada tarde de lectura en la terraza, siempre presente.

Escribir un libro es un viaje largo lleno de horas de inmersión en palabras, ideas y dudas; acompañado por vosotros ha sido un camino hermoso. Esto no es un punto final, sino una invitación a seguir maravillándonos con el cosmos. Gracias por estar ahí.

PARA APRENDER MÁS

Es complicado señalar con exactitud el origen de todo lo que compone este libro. Sin embargo, puedo compartirte una selección de libros que consulté y que, sin duda, recomiendo. También te sugiero algunas películas y documentales relacionados.

LIBROS

CARROLL, Sean, *Las ideas fundamentales del Universo*

EINSTEIN, Albert, *Mi visión del mundo*

FEYNMAN, Richard P., *Seis piezas fáciles*

HAWKING, Stephen y Leonard MLODINOW, *El gran diseño*

HAWKING, Stephen, *Historia del tiempo*

KAKU, Michio, *El universo de Einstein*

KAKU, Michio, *La ecuación de Dios*

SÁNCHEZ RON, José Manuel, *Querido Isaac, querido Albert*

SAGAN, Carl, *La diversidad de la ciencia*

THORNE, Kip S., *Agujeros negros y tiempo curvo*

DOCUMENTALES Y PELÍCULAS

DEGRASSE TYSON, Neil y Ann DRUYAN, *Cosmos: Una odisea del espacio-tiempo,* «Mundos posibles»

DOUGLAS MILLER, Todd, *Apolo 11*

KUBRICK, Stanley, *2001: Una odisea del espacio*

NOLAN, Christopher, *Interstellar*

SAGAN, Carl, Ann Druyan y Steven Soter, *Cosmos: Un viaje personal*

SCOTT, Ridley, *Marte (The Martian)*

SMITHSON, Darlow, *El universo de Stephen Hawking*

SPIELBERG, Steven, *Encuentros en la tercera fase*

ZEMECKIS, Robert, *Contact*

SERGIO GUERRA

Nacido en Las Palmas de Gran Canaria en 1999, es uno de los creadores de contenido sobre ciencia más reconocidos de nuestro país. En su plataforma, en la que se hace llamar @todoesrelativo_, invita a la audiencia —de más de un millón de seguidores— a reflexionar sobre distintos aspectos de la astronomía y la astrofísica, incluyendo cuestiones profundas y abstractas poco habituales en redes sociales. Sus vídeos han logrado entre 15 y 30 millones de visualizaciones mensuales. Fue nominado a los premios de TikTok 2025 en la categoría de Ciencia y Divulgación.